中国青年低碳生活研究

邓希泉　李偲　主编

光明日报出版社

图书在版编目（CIP）数据

中国青年低碳生活研究 / 邓希泉，李偍主编．
北京：光明日报出版社，2025.2. --ISBN 978 - 7 - 5194 -
8008 - 0

Ⅰ. TK01；C913.3

中国国家版本馆 CIP 数据核字第 2024GC7705 号

中国青年低碳生活研究

ZHONGGUO QINGNIAN DITAN SHENGHUO YANJIU

主　编：邓希泉　李　偍

责任编辑：宋　悦　　　　　　　责任校对：刘兴华　　王雨清
封面设计：中联华文　　　　　　责任印制：曹　净

出版发行：光明日报出版社
地　　址：北京市西城区永安路 106 号，100050
电　　话：010-63169890（咨询），010-63131930（邮购）
传　　真：010-63131930
网　　址：http：// book. gmw. cn
E - mail：gmrbcbs@ gmw. cn
法律顾问：北京市兰台律师事务所龚柳方律师

印　　刷：三河市华东印刷有限公司
装　　订：三河市华东印刷有限公司
本书如有破损、缺页、装订错误，请与本社联系调换，电话：010-63131930

开　　本：170mm×240mm
字　　数：269 千字　　　　　　印　　张：15.5
版　　次：2025 年 2 月第 1 版　　印　　次：2025 年 2 月第 1 次印刷
书　　号：ISBN 978 - 7 - 5194 - 8008 - 0
定　　价：85.00 元

前　言

　　《中国青年低碳生活研究》的调查数据来源于中国青少年研究中心于2013年5月5日至25日在上海、辽宁、河北、贵州、甘肃、安徽共6个省份和山东德州市对2875名14~35周岁青年进行的问卷调查。本书历经四次大的修改，分别成稿于2013年底、2014年底、2018年6月、2020年5月，每一次大的修改都伴随着全书框架的颠覆性调整，共形成了10个修改文本，每一个文本都尽可能吸收前一版本合理内核和基本内容，重新进行编排和撰写。

　　本书紧扣时代新主题。2012年12月，中央经济工作会议明确指出："要把生态文明理念和原则全面融入城镇化全过程，走集约、智能、绿色、低碳的新型城镇化道路。"2013年4月，习近平总书记同出席博鳌亚洲论坛2013年年会的中外企业家代表座谈时明确指出要"下大气力推进绿色发展、循环发展、低碳发展"。自此，低碳生活、绿色生活、绿色生活、绿色发展理念日益进入党政决策的中心和国家大政方针政策的重要方面。本书的研究背景和研究创意皆来源于此，本书就是属于回应时代主题和社会热点的积极尝试。

　　本书凸显青年新现象。低碳生活、绿色生活是一种新潮的且顺应历史发展趋势的生活方式，是未来必然成为一种主导的日常生活行为方式。青年总是引风气之先。新世代青年是后物质主义价值观初显的一代，低碳生活、绿色生活正在成为新时代青年的新生活方式，并将深度嵌入新时代青年的日常生活之中。中国青少年研究中心青年发展蓝皮书的年度报告一直坚持以青年新现象新特点新问题新规律为主题，本书就是《中国青年发展蓝皮书（2015—2016）》的年度报告。

　　本书还原青年新历史。快速变迁的社会结构需要以有效的方式沉淀历史事实。回顾绿色生活、低碳生活的发展史和研究史，围绕低碳生活和绿色发展的全国性大样本调查并不多见，本书的调查数据可以说是一个较高质量的历史记录。尽管本书属于典型的"起个大早，赶个晚集"，尽管时效已经严重递减，但总归是历史的记录。为此，让相关调查数据、研究结论等作为历史的忠实记录而回归历史的记忆深处，留待后来者的比较研究，也使历史资料留存以回望历史。因此，书稿的内容、截止时间、政策梳理等内容，未对2015年以后的内容进行更新，保留当时写作的基本原貌。

　　本书得益全国大调查。"中国青年低碳生活方式调查问卷"的调查对象为14~35周岁的青年。调查对象按所在单位性质分为6类：党政机关、国有企事业单位、非公组织、农村乡镇、城市街道社区和学校。问卷的抽样过程分为以下四个阶段：第一阶段：选取6个省（市）。综合考虑GDP总量、总人口、青年人口数量等因素，从全国31个省（直辖市）抽取6个省（直辖市）作为一级样本，具体为：上海、辽宁、河北、贵州、甘肃和安徽。第二阶段：选取12个市（州、区）。在已确定的6个样本省（直辖市）中，依照等距原则，各抽取2个市（州、区）作为二级样本。第三阶段：在每一个市（州、区）选取20个单位。从二级样本中，按照党政机关、国有企事业单位、非公组织、农村乡镇、城市街道社区和学校共6个类别，依照课题组对样本单位的分配数量，以等距原则的方式，抽取合适样本单位作为三级样本。第四阶段：在每一个单位中选取12名青年。在三级样本单位中，依照等距原则，在每一个单位中选取12名青年（个体样本）作为四级样本。需要说明的是，山东德州市的调查对象是计划外的，个中原因是在该市进行实地调研和深入访谈过程中应地方请求而增加的问卷发放。考虑到在该市回收的问卷为74份，从整体上对原来问卷发放的整体设计不会产生大的干扰，因此在数据中并未剔除该市的调查数据。

　　本书归功集体大合作。本书的参与者众多，齐心协力，一棒接着一棒地接续奋斗，最终圆满完成任务。特别感谢安国启（原中国青少年研究中心副主任）对课题的前期领导和贯彻始终的关心，感谢王小东（原中国青少年研究中心研究员）、黎陆昕（原中国青少年研究中心副研究员）两位老同志在课题前期论证、问卷设计、实地调研等方面的热情参与。书稿的基础撰写者主要有邓希泉（中国青少年研究中心研究员，写作时为中国青少年研究中心青年研究所副所长、副研究员），杨平（北京京领科技有限公司总裁，写作时为中国青少年研究中心助理研究员、博士），叶亚芝（农业农村部社会事业促进司综合处调研员，写作时为中国农垦经济发展中心、博士），徐晓明（中央党校（国家行政学院）习近平新时代中国特色社会主义思想研究中心研究员、科研部中心研究室副主任，写作时为北京大学公共管理学博士后），孟天广（清华大学社会科学学院副院长，政治学系长聘教授，写作时为清华大学政治学系博士后），兰宗敏（国务院发展研究中心办公厅（人事局）综合与法规处处长、研究员，写作时为国务院发展研究中心助理研究员、博士），余茜

（北京市委党校副研究员，写作时为北京市委党校编辑、博士），陈纪稳（中央党校（国家行政学院）中国领导科学研究中心研究员兼副秘书长，写作时为国家行政学院中国领导科学研究中心学术秘书、北京大学博士生）。2018年，邓希泉对书稿框架进行了颠覆性修改，李倢（中国青少年研究中心副研究员）按照书稿新框架对原稿进行了大幅度的改写和调整，撰写了许多新内容。此后，邓希泉和李倢作为共同主编，多次商量书稿的修订和改写事宜。为此，本书的相关内容已无法一一对应相关责任主体，整书的文责就只能由主编统一负责了。

书稿终于付梓，众人的辛劳得以慰藉，亦能给予历史以新的回应。

敬请读者批评指正！

主编

2024 年 6 月

目　录
CONTENTS

第一章 低碳社会与中国青年

低碳，源于人们对全球气候变暖的关注。随着人们对资源有限性认识的加深和可持续发展理念的深入，低碳理念逐渐成为各国的共识。21世纪以来，为应对气候变化，世界各国纷纷制定政策，倡导低碳经济，并提出要建设涵盖生产、生活多个方面的低碳社会。低碳生产方式是构建低碳社会的基础，包括构建低碳产业、发展低碳能源和研发应用低碳技术；低碳生活方式是低碳社会形成的核心，其要求体现在低碳消费、低碳居住和低碳出行。目前我国低碳社会建设已经初具成效，但是资源禀赋及消费结构、经济增长阶段与方式、低碳政策法规等方面还存在明显的问题和挑战。

目前世界各个国家都在向着低碳的方向发展，整体呈现出发达国家领跑，发展中国家跟随的格局。欧盟、英国、美国、日本等都出台了专门的低碳发展战略和政策，给中国等发展中国家低碳发展提供了借鉴。发达国家的主要经验包括出台长期稳定的支持政策、提升公众参与低碳发展的意识、实行环境经济调控政策、加大低碳技术研发力度等。

低碳政策对社会生活和经济生产都有着明显的影响，从"十一五"规划以来，我国出台了一系列促进低碳发展的政策措施，取得了一定的成效，但与国际发达国家相比，仍有不小的差距。从目前我国低碳政策走势来看，定目标、抓考核、创机制、控财税将是我国低碳政策的宏观导向。

青年作为世界未来的主人，在低碳生活中起着不可替代的作用，是节能减排的主力军、低碳理念的传播者和低碳生活的积极践行者。从调查来看，当代中国青年对低碳重要性的认可程度较高，但是低碳知识的认识水平一般，行动力较差，知行反差十分明显。其主要原因在于宣传、教育和政策引导不足。因此，应该进一步充分发挥媒体的宣传作用，加强学校等的教育引导，更大限度地让低碳贴近青年生活，多种措施共同推行，促进当代青年争当低碳生活的践行先锋。

第一节 低碳社会的构建与发展

一、低碳与低碳社会

（一）低碳的概念及溯源

低碳（英文为 low-carbon），是指较低（更低）的温室气体（以二氧化碳为主）排放。

1. 低碳的概念起源于全球气候变化和人类活动剧增

全球气候变暖是低碳概念的提出背景。自工业革命以来，人们大规模消耗煤、石油等高碳能源，致使地层中沉积碳库的碳以较快速度流向大气碳库，从而引起大气中的二氧化碳含量迅速增加[①]。随着工业化、城市化带来的经济快速增长，人类无限制的欲望和无节制的生产生活方式，加上大规模的人口剧增，彻底打破了原本生物圈中碳循环的平衡，二氧化碳排放量越来越大[②]。据世界银行统计，在 20 世纪的一百年当中，人类消耗了大量的煤炭、石油、钢铁、铝和铜，因此排放出大量的温室气体，使大气中二氧化碳的平均浓度从 20 世纪 50 年代的 300PPM[③] 上升到现在的将近 400PPM（参见图 1-1）。

碳排放量的增大直接威胁了人类的可持续发展。有研究表明，地球生态系统自我净化二氧化碳的能力每年只有 30 亿吨，而全世界每年大约剩下 200 亿吨二氧化碳残留在大气层中。大气中残存的巨量人造二氧化碳，破坏了自然界的碳平衡与碳循环[④]。加上二氧化碳会阻止太阳光反射出大气层，阻碍地球向外层空间逸散热量，使得地表大气层不断升温，产生温室效应，进而引发臭氧层危机，全球性的气候也更为反复无常，气象灾害愈加频繁、严峻，严重影响了人类的生存和发展。

人类从 20 世纪后期才开始真正关注碳排放。早在 1876 年，诺贝尔化学

---

① 邓莹. 低碳经济的兴起与我国环境金融的构建 [J]. 经济问题, 2010 (9): 38-41.

② 李启华, 肖丽娜. 发展绿色经济，建设生态城乡的探讨与实证研究 [J]. 区域经济, 2011 (8): 13-14.

③ PPM (past per million) 是比率的表示, 1PPM 为百分之一.

④ 张召. 低碳时代中国生态文明建设新路径探索 [D]. 北京: 北京化工大学, 2010.

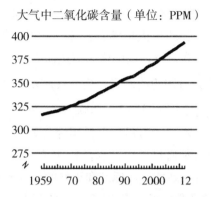

图 1-1 20 世纪 50 年代以来大气中二氧化碳含量变化趋势

数据来源：世界银行。

奖得主阿累利乌斯就预测：燃烧化石燃料会提高二氧化碳浓度，导致全球气候变暖[①]。但直到 1972 年联合国环境规划署成立，国际社会才开始关注全球气候变化问题。1979 年，第一次世界气候大会召开，会议明确提出温室效应的现象。1988 年，各国专家对全球气候变化及影响进行科学阐释，分析变化原因，评估未来时段的气候变化及影响，并对减缓气候变化提出方案。联合国于 1992 年举行环境与发展大会，在 1990 年联合国政府间气候变化专门委员会（IPCC）第一次气候变化的评价基础上，总共有 153 个国家正式签署了《联合国气候变化框架条约》，确定共同但有区别的责任和可持续发展原则，提出发达国家率先减排并为发展中国家减排提供帮助。《联合国气候变化框架公约》第三次缔约方大会于 1997 年 12 月在日本首都召开，公约缔约方参加并签订了《京都议定书》。

2007 年 12 月，《联合国气候变化框架公约》第十三次缔约方大会在印尼巴厘岛召开。在 IPCC 第四次评估报告的促进下，会议通过了"巴厘路线图"，要求发达国家制定 2012 年后量化的减排指标，要求发展中国家采取实质性国内减缓行动。2009 年 12 月，《联合国气候变化框架公约》第十五次缔约方大会，同时也是《京都议定书》第五次缔约方大会在丹麦哥本哈根召开。会议达成了《哥本哈根协议》，对发达国家强制减排和发展中国家自主减排提出应

[①] 政府间气候变化专门委员会（IPCC）. 全球第四次气候评估报告摘要 [R]. 2007-05-04.

对方案，在全球减排的长期目标、资金与技术支持问题上达成共识①。从此，应对气候变化成为国际社会的主流思潮，全球气候变化推动全球步入一个新的经济时代。在这样的大背景下，低碳概念应运而生。

2. 低碳概念提出后，各国纷纷制定相应政策应对气候变暖

"低碳"一词最早由英国政府提出。2003 年，英国贸易工业部发表《能源白皮书：我们能源的未来——构建一个低碳经济》，首次引入"低碳经济"的概念，指出"低碳经济是通过更少的自然资源消耗和更少的环境污染，获得更多的经济产出，创造更高的生活标准和更好的生活质量"②。

欧盟各成员国在英国发展低碳经济后，也纷纷提出类似战略。在 2008 年，欧盟委员会拟定了《气候行动和可再生能源一揽子计划》。美国政府也致力于气候变化及低碳经济的相关法案。2009 年美国众议院通过的《2009 年美国清洁能源与安全法案》提出通过发展清洁能源提高能源效率来实现能源安全和独立，该法案中明确提出了建设"清洁能源经济"的目标。日本也把发展低碳经济放入国家政策系统中。日本环境部于 2007 年发布了"低碳社会"的计划草案，提倡通过转变消费理念和生活方式，利用低碳技术和制度减少温室气体的排放③。

在全球低碳热潮中，中国也展现出自身的积极努力。2006 年，国家发改委、科技部、国家环保总局、中国气象局等六部委共同发表了《气候变化国家评估报告》；2007 年，发布了鼓励大力发展可再生能源的能源白皮书《中国能源状况与政策》和《中国应对气候变化国家方案》，提出建立低排放社会。2007 年 9 月，时任国家主席胡锦涛在亚太经合组织 15 国领导人会议上，明确提出发展低碳经济。国家发改委于 2010 年 8 月发动了国家低碳省和低碳城市试点工作，并在试点地区提出了控制温室气体排放的目标、主要使命和具体措施，力图建立含碳气体排放数据统计和管理体系、倡导低碳绿色生活方式和消费模式，最终降低碳排放强度。2012 年，党的十八大报告首次官方提出推进绿色、循环、低碳发展模式；2016 年《中华人民共和国国民经济和社会发展第十三个五年规划纲要》更是鲜明地将二氧化碳减排纳入国家整体

①　黄晟 . 排污权交易制度研究——兼论排污权交易制度在我国的完善 [D]. 青岛：中国海洋大学，2010.
②　靳俊喜，雷攀，韩玮，等 . 低碳经济理论与实践研究综述 [J]. 西部论坛，2010（4）：97-103，107.
③　李挚萍，程凌香 . 碳交易立法的基本领域探讨 [J]. 江苏大学学报（社会科学版），2012（3）：22-29.

发展议程。2017 年十九大报告进一步指出要全面深化绿色发展制度创新。习近平总书记强调，要充分认识形成绿色发展方式和生活方式的重要性、紧迫性及艰巨性，加快构建绿色、循环、低碳发展产业体系，有力推动形成绿色发展和生活方式。

（二）低碳社会的内涵

随着低碳概念的形成，低碳社会也逐步走进人们的视野，关于低碳社会的定义众说纷纭，目前仍没有较为权威的定义。日本 2004 年首次提出"低碳社会"（Low-carbon Society）一词①。2007 年，项目研究小组提出实现低碳社会的三个原则：在所有部门减少碳排放；提倡物尽其用，通过更简单的生活方式达到高质量的生活；与大自然和谐相处，保持和维护自然环境成为人类社会的本质追求②。英国国家环境研究院则提出，一个低碳社会至少应该包括四种要素：一是能够与可持续性发展原则兼容，确保满足处于不同发展阶段国家的发展需要；二是在控制温室气体排放方面为实现全球努力做出公平的贡献，避免危险的气候变化；三是呈现高水平的能源利用率以及使用低碳能源和生产技术；四是使行为和消耗温室气体排放量低的模式相一致 。国内学者也从不同层面对低碳社会进行界定。洪大用从社会系统的整体性的角度指出，"低碳社会是指适应全球气候变化，能够有效降低碳排放的一种新的社会整体形态，它在全面反思传统工业社会之技术模式、组织制度、社会结构与文化价值的基础上，以可持续性为首要追求，包括了低碳经济、低碳政治、低碳文化、低碳生活的系统变革"③。薛桂波在强调文化理念对推进低碳社会构建的作用时提出，"低碳社会一般是指通过发展低碳经济，培养可持续发展、绿色环保、文明的低碳文化理念，创建低碳生活，形成低碳消费意识，达到经济社会发展与生态环境保护双赢的一种社会发展模式或状态"④。赖章盛、李红林从低碳社会构建主体的角度，即经济、社会与环境三位一体协调发展的角度提出，低碳社会是人类在建设生态文明过程中，以人与自然和谐相处为基本理念，以低碳经济为基础，以低碳发展为发展方向，以低碳生活

① 何海燕，李思奇. 低碳经济形势下我国面临的技术壁垒及其应对［J］. 对外经贸实务，2011（4）：41-44.
② 陈志恒. 日本构建低碳社会行动及其主要进展［J］. 现代日本经济，2009（6）：1-5.
③ 洪大用. 中国低碳社会建设初论［J］. 中国人民大学学报，2010（2）：19-26.
④ 薛桂波. 低碳社会的文化动力［J］. 学术交流，2011（4）：138-142.

为生存方式，以经济、社会与环境可持续发展为发展目标的经济社会发展模式①。

学术界在强调低碳社会的内涵时，更强调其概念的普适性进而涵盖所有的国情。对处于不同发展阶段的国家来说其含义并不相同：对于发达国家而言，实现低碳社会意味着在温室气体排放大量削减的同时，社会系统中的技术、制度、文化、生态、生活方式也随之发生低碳化转型；对发展中国家而言，经济的发展是实现技术、制度、文化、生活方式低碳化的现实物质基础与必要条件，因此实现低碳社会必须和更广泛的发展目标齐头并进。

二、低碳社会的构建

低碳社会是由多个子系统共同组成的社会大系统的整体性变革问题。低碳社会的构建主要有两个层面的内容。首先是生产层面，低碳社会属于社会经济发展方式范畴，其发展与实现首先体现在生产层面上，即生产方式的变革，如使用清洁能源、促进经济结构转型等；其次是生活层面，公共交通、消费和生活方式对低碳社会有着重要的影响，低碳社会也需要消费者行为和生活方式的支持。

（一）低碳生产方式是低碳社会构建的基础

低碳生产是以减少温室气体排放为目标，构筑低能耗、低污染为基础的生产体系，包括低碳产业、低碳能源系统和低碳技术体系②。经济生产是社会发展的基础，而低碳的生产方式则是低碳社会构建的基础。构建低碳的生产方式，就要从产业、能源、低碳技术三个角度出发，构筑低能耗低污染高能效的低碳生产体系。

1. 构建低碳产业

低碳产业包括两方面的含义，一是本身就是以低能耗、低污染为基础的产业；二是基于低碳技术的行业，比如新能源产业。2009 年 3 月，由英国商业、企业和改革部提出的《低碳产业战略远景》主要包括 4 个方面的关注，

---

① 赖章盛，李红林. 低碳社会：生态文明建设的新模式——兼论低碳社会的价值趋向 [J]. 求实，2011（2）：52-54.

② 朱淀，王晓莉，童霞. 工业企业低碳生产意愿与行为研究 [J]. 中国人口·资源与环境，2013（2）：72-81.

分别是使用可再生能源产业的发展、低碳汽车、建设低碳发展中心和其他内容的开发和生产。

构建低碳产业,产业结构的低碳转型是关键。能源消耗总量和经济能耗强度直接受产业结构的低碳转型影响。传统的农业生产几乎不消耗能源,第三产业提供的产品主要是服务,虽然在服务过程中需要消耗一定的能源,但单位产值能耗十分有限。工业制造业、建筑业和交通运输业等第二产业才真正需要消耗大量的能源①。发展低碳产业,意味着对现有的产业结构进行调整,大力发展低碳农业、积极调整城市工业结构、加快推动城市服务业发展,构建节能降耗型产业体系。

2. 发展低碳能源

低碳能源主要包括两方面内容。一是改造传统的能源使用模式,提高能源使用效率,降低能源损耗,减少环境污染;二是发展新能源产业,创新技术发展清洁能源,从根本上实现能源使用的低能耗、低排放、低污染。

发展新能源产业是实现低碳社会的重要因素。为了保护环境、控制全球气候变暖,发展低碳以及无碳能源是低碳社会发展的必然方向。许多国家都在大力发展新能源技术,包括水电、风电、太阳能、核电、光电和生物能源等。我国也逐渐开始通过采用大型风电机组、农林生物质发电、沼气发电、燃料乙醇、生物柴油和生物质固体成型燃料、太阳能开发利用等方式,来改善能源结构②。

3. 研发低碳技术

低碳技术是指有效控制温室气体排放的新技术,包括节能、煤的高效清洁利用、可再生能源和新能源、碳中和、碳捕捉和埋存等方面,涉及建筑、冶金、电力、交通、石化和其他部门。发展低碳经济、建设低碳社会,关键因素就是低碳技术的创新和应用。2010 年政府工作报告强调:"要大力开发低碳技术,推广高效节能技术,积极发展新能源和可再生能源,加强智能电网建设。"

低碳技术是实现循环经济和清洁生产的核心要素。目前国际上比较成熟的是碳中和、碳捕捉和封存等低碳技术,利用这些低碳技术,可以促进能源消费低碳化,降低大气中二氧化碳浓度,从而实现社会的低碳甚至零碳发展。

---

① 闫伟东. 深圳市低碳经济发展的现状及建议 [J]. 中国环保产业,2009 (9):52-56.
② 冯会会,苗红,薛冰,等. 循环经济:低碳城市建设的路径与手段 [J]. 再生资源与循环经济,2009 (11):17-20.

（二）低碳生活方式是低碳社会形成的核心

低碳生活是低碳社会的重要基石，我们应在日常生活当中尽力减少不必要的消耗，尤其需要减少碳排放量，从而降低大气污染程度，减缓生态恶化。人们只有树立全新的生活观和消费观，才能实现人与自然和谐发展。低碳生活将是协调经济社会发展和保护环境的重要途径，是形成低碳社会最为核心的力量。低碳生活主要体现在三个方面：低碳消费、低碳居住、低碳出行。

低碳消费是低碳生活中每天最触手可及的部分。从日常生活中的节能、节水、节电，到废品回收再利用，处处可以渗透低碳的生活理念。营造低碳消费文化氛围，让全社会逐步告别"一次性消费""过度消费"和"便利性消费"等消费陋习，正在成为21世纪的一种潮流，也正在成为当代青年人一种习惯和理念[①]。

低碳居住也是低碳生活的重要方面。目前，有多种低碳居住的方式可供选择：推广使用太阳能，尽可能选用低碳建材作为建筑材料，选用节能型取暖和制冷系统，尽量利用自然通风采光；选择保温材料，提倡适宜装饰；在家庭推广使用节能灯和节能电器，在不影响生活质量的同时有效降低日常生活中的碳排放量。

随着社会的飞速发展，交通成为城市命脉，其对于人们的生活越来越重要。低碳出行倡导选择绿色交通工具，如新能源电动车等；鼓励绿色出行方式，提倡短距离步行，远距离出行多采用公共交通工具；全面改进现代物流信息系统，尽量降低运输工具的空驶率[②]；加强智能管理系统建设，加强电力和清洁能源在交通工具中的使用；合理降低出行频度，缩短出行距离。

三、我国低碳社会的发展现状与挑战

（一）低碳社会发展已初具成果

低碳社会涵盖了工业、农业、消费等社会发展的方方面面。中国自提出低碳社会的发展理念以来，面临了国际压力和国内发展的双重挑战。即便如

---

① 谭志雄. 中国低碳城市发展模式与行动策略 [J]. 中国人口·资源与环境，2011（9）：35-37.

② 卢婧. 中国低碳城市建设的经济学探索 [D]. 吉林：吉林大学，2013.

此，经过多年在低碳社会发展道路上进行的积极探索和实践，中国在低碳社会的构建上取得了一定的成果。

高碳工业的低碳转型成果显著——通过建设国家生态工业园区实现相关工业整合，并对各高耗能工业进行低碳化改造，实现其低碳发展。比如，2005—2009年间全行业综合能耗从每吨1019千克标准煤下降到973千克标准煤。而从单位工业增加值能耗来看，钢铁工业从2005年的5.73tce/万元下降至2008年的4.86tce/万元，降幅为15.2%；单位工业增加值二氧化碳排放量从2005年的17.9t/万元下降至2008年的14.7t/万元，降幅为17.9%。

开发利用新能源水平位居世界前列——在国家政策的指导和支持下，新能源领域成为投资热点，太阳能、风能和生物质能等新能源得到广泛使用。截至2012年，中国热水器保有量在世界总保有量中占据50%以上，太阳能热水器利用率居世界首位；风力发电的发展速度已位居世界第二；生物质发电总装机量在世界上排名第三。

建设低碳城市的探索——一些城市在探索低碳发展之路上充当先锋，与发达国家以及国际大都市一起积极采取行动向低碳经济转型。国家气候组织推出了"低碳城市领导力项目"，致力于促进城市经济的发展，中国计划自2009年开始启动，预计在未来3到5年实现近20个低碳城市的发展，大部分目标城市将是中国的二、三级城市，还有北京、上海、天津等大城市。

公众践行低碳生活成为潮流——越来越多的民众开始意识到低碳发展的重要性，主动响应政府和环保NGO低碳运动的号召，向低碳生活方式转变。目前，公众主动参与低碳消费（如自备购物袋、双面打印等），同时全民义务植树等活动也日益增多。2012年，中国林业局公布的国土绿化状况公报表明全国共139亿人次参与义务植树活动，累计每人平均植树量在20株以上，共植树640亿株。

NGO组织对环保工作形成有益补充——中国最早的环保民间组织（环保NGO）诞生于1978年，截至2008年底，中国各类环保民间组织超过3500家。这些组织经过30多年的发展，已经从初期的环境宣传和物种保护，逐步发展到组织社区公众参与低碳行动，行动规模也从单个组织行动，进入互相合作的时代，同时对国家的环境政策落实、履行环保职责、低碳宣传活动、促进公众参与及其他方面做出了有效的补充。

从生产到生活，中国关于低碳的发展都已经形成了一定的规模，已经向公众乃至国际社会展示了中国低碳发展的决心。但是，低碳发展仍面临着诸多问题和挑战。

（二）低碳社会仍面临巨大问题和挑战

1. 中国资源能源禀赋和消费结构决定了先天的"高碳性"

作为世界上第一大煤炭生产国、消费国和温室气体排放国，中国长期以来形成了一个以化石燃料密集型为方向的能源结构。2012 年，中国能源消费总量中，石油占 19%，天然气占 5%，而煤炭占 67%，比国际平均水平高 40个百分点，水电、核电、风电等清洁能源仅占 9%（参见图 1-2）。《ICPP 排放情景特别报告》的研究结论显示，能源消费选用化石燃料密集型方向所产生的温室气体排放量远远大于非化石燃料密集型。而中国能源的"富煤、少油、贫气"特征决定了含碳量最高的煤炭为中国化石能源的消费主体，并且这一能源结构特征短期内不会改变，这种能源消费结构的先天"高碳性"特征必然导致更多温室气体的排放，这势必成为中国低碳式发展进程中的一个重要的制约因素。

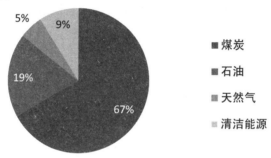

5% 9% 19% 67%

■ 煤炭
■ 石油
■ 天然气
■ 清洁能源

图 1-2　2012 年中国的能源结构

数据来源：《2012 中国能源发展报告》。

2. 中国的经济增长与低碳发展形成了必然矛盾

著名的环境库兹涅茨理论认为，人均收入水平和环境质量退化程度之间关系是倒 U 形曲线关系①（见图 1-3）。多数发达国家在快速发展初期都经历了 GDP 能耗的快速上升期。现阶段中国工业化、城市化快速发展，正处于环境库兹涅茨曲线的上升阶段。这个阶段的制造业，特别是重化工业，占有很大比重，是人均 GDP 不断增长、人均碳排放量不断上升的阶段。

与发达国家相比，现阶段中国发展低碳经济、建设低碳社会，面对的关

---

① 祁成祥. 我国碳排放与经济增长的关系研究 ［D］. 西安：西北师范大学，2012.

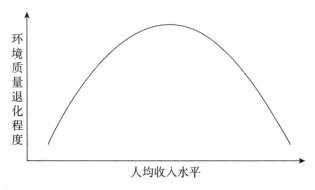

图 1-3 环境库兹涅茨曲线

键制约因素就是经济发展阶段本身对低碳发展的刚性约束。因此，在减少城市能源消耗与废气排放的同时保持经济高速稳定增长成了中国推进低碳发展中必须关注的问题。

同时，不仅仅是经济增长阶段，中国粗放的经济增长方式也是与低碳发展相背离的。改革开放以来，中国经济高速增长的主要动力来自廉价的劳动力、土地、环境污染、能源成本等带来的红利，这同时也是对土地、环境、水的资源和重要能源十分低效、粗放的利用，带来资源的极大浪费和环境的污染破坏，这与低碳发展的主旨相背离，不符合构建低碳社会的要求。

3. 低碳政策法规尚不完善，制约了低碳社会的健康发展

中国政府一直注重法规政策对低碳发展的先导作用。在发展中国家中，中国最早制定实施了《应对气候变化国家方案》，并把法律法规作为应对气候变化的重要手段，先后制定和修订了《节约能源法》《可再生能源法》《循环经济促进法》《清洁生产促进法》《森林法》《草原法》《民用建筑节能条例》等一系列法律法规[①]。但是，中国有关低碳开发利用规定的法律的可操作性不强。同时低碳政策更多体现于中央政府的文件和报告，虽然有些省市的年度政府报告中或多或少地体现了低碳发展的精神，但还局限在一些宏观性、综合性的低碳政策方面，这些宏观性低碳政策缺乏具体、规范化的行动方案，因此，更趋完善的低碳政策的制定和实施会对低碳社会发展起到至关重要的作用。

---

① 中华人民共和国国务院新闻办公室.《中国应对气候变化的政策与行动（2011）》白皮书［EB/OL］. 国家能源局，2011-11-22.

第二节 低碳政策与经济社会发展

倡导绿色、低碳发展是今后经济发展和社会生活的重要主题。2009年9月召开的联合国气候变化峰会上，时任国家主席胡锦涛同志就指出中国要"大力发展绿色经济，积极发展低碳经济和循环经济，研发和推广气候友好技术"。2010年的《中国人类发展报告2009/10：迈向低碳经济和社会的可持续未来》认为，中国政府已经就发展低碳经济和低碳社会的问题明确表态。2011年3月，我国"十二五"规划纲要明确指出了"面对日趋强化的资源环境约束，必须增强危机意识，树立绿色、低碳发展理念，以节能减排为重点，健全激励与约束机制，加快构建资源节约、环境友好的生产方式和消费模式，增强可持续发展能力，提高生态文明水平"。而在2012年2月世界银行和中国国务院发展研究中心联合发布的《2030年的中国：建设现代、和谐、有创造力的高收入社会》也提出，"绿色发展是中国第三个战略发展方向"。十八届三中全会通过的《中共中央关于全面深化改革若干重大问题的决定》又提出了"必须建立系统完整的生态文明制度体系"的明确要求。可以看出，低碳发展已经是我国宏观政策的重要一环。

从经济发展规律来看，低碳经济也是经济发展的必然趋势。它不仅是对现行发展方式转变的挑战，更是加快发展方式转变的重要历史机遇；它不仅涉及节能减排的技术创新，更是以破解结构性矛盾为核心的制度变革；它不仅是一场环境革命，更是一场深刻的经济社会革命。低碳经济是一种新的发展方式，它不仅将带来一场新的技术革命，也将带来一场深刻的生活方式的革命。随着社会以生产为中心到以生活和消费为中心的转变，生活方式作为以人为本的直接体现，其重要性日益凸显。要实现经济转型升级，"打造中国经济升级版"，消费必然将成为未来经济增长的重要动力，全社会都面临着扩大内需的要求，如何养成更科学、更能促进社会发展的消费方式，必然成为今后生活方式的重要内容。低碳生活就是一种健康的生活方式，是面向后现代社会中以人为本、尊重个性发展的促进经济社会可持续发展的社会行为方式。伴随当前低碳经济不断深入发展，青少年群体必然在社会化的进程中全面嵌入低碳经济的思维和印记，低碳消费将成为青年践行环保生活方式的新潮流，以低碳生活为主要表现形式的新的生活方式，将是一种健康的主流生活方式。

一、低碳政策对社会生活、经济发展的影响

随着低碳理念在国际社会的广泛普及，越来越多的政府积极努力出台国家政策，推动、保障低碳经济和技术的发展，由此也对人们的社会、经济生活产生了广泛的影响。这些政策具体表现在社会发展、生产生活的方方面面。

（一）对社会生活的影响

低碳发展政策向人们提出了许多社会生活低碳化的要求。例如，在低碳政策的影响下，人们越来越注重低碳化，出行时搭乘公共交通。为控制私人汽车数量的快速增长，相关部门大力建设城市公交和地铁轨道工程，形成了立体化的城市交通体系；选择一个更合理的规划，紧凑的生产空间和生活空间，合理提高汽车燃油效率标准，促进汽车改善燃油效率，减少尾气排放，以及降低出行的频率和距离。同时，低碳政策还推广建筑节能技术和标准，倡导城市低碳建筑。为鼓励开发商和消费者投资、购买低碳节能建筑，国家常常调整财税政策。此外，城市居民集中供能、供热等基础设施的建设和改造也受到了低碳政策的影响，在提高能源利用效率，减少浪费的同时增加了城市优质清洁能源供应比例①。

（二）对经济发展的影响

从经济的角度上来看，低碳政策最主要的作用就是推动产业的转型升级。从具体环节来看，生产到消费都会遇到低碳的问题。首先，产业结构会发生重大变化，低碳产业会因此受益。低碳产业的发展是低碳战略和政策的重要战略之一，越来越多的国家正在制定长期低碳产业发展规划，站在全局的角度上确立低碳产业体系的发展路线，战略性产业和高端产业受到了越来越多的关注，比如新能源新材料、节能环保产业、电子信息产业、技术密集型的制造业及其他行业，使之成为拉动经济增长的重要动力。对于我国来讲，利用脱钩理论来建立我们的工业经济发展的低碳发展模式，使城市的经济结构和低碳产业结构嵌套，形成低碳的经济系统，不仅可以进一步促进产业发展，也实现了低碳标准，企业、城市将双向受益。但同时，随着我国高碳化产业

---

① 鲍健强，苗阳，陈锋. 低碳经济：人类经济发展方式的新变革［J］. 中国工业经济，2008（4）：153-160.

的逐渐退出，我国一些资源能源密集型产业优势不再，如果整体经济的内生动力没能及时调整到创新上来，那很可能会对我国的经济增长速度和动力造成一定的负面影响。

二、中国的低碳战略与政策导向

中国是最早签署《联合国气候变化框架公约》的公约国之一，也是《京都议定书》的积极倡导者和响应者。但在政策的制定和执行中仍缺乏应有的积极性、主动性、灵活性和前瞻性。通过对气候变化治理结构的分析，可发现我国的气候变化治理中缺乏明确的决策机构和执行机构，国家相关机构尚未发挥积极的领导作用，科学研究对政策制定的支持能力不足、公众参与不足、企业减缓气候变化的动力不足等问题[1]。因此，尽快制定一套有中国特色的低碳发展战略和政策，促进高碳经济向低碳经济转型，是中国建设生态文明，构建资源节约型、环境友好型社会的关键。

（一）中国现阶段低碳发展政策：初有成效，仍有差距

作为世界上最大的发展中国家，中国建立发展"低碳经济"道路，并出台相关政策，在应对全球气候变化方面做出了许多努力（详见表1-1）。在2006年发布《气候变化国家评估报告》后，中国陆续出台了一系列旨在推动低碳发展的战略性措施，从发布《气候变化国家评估报告》到通过《关于积极应对气候变化的决议》，再到出台《关于开展低碳省区和低碳城市试点工作的通知》，中国低碳发展得到了越来越深入的推进。各个省级区域的气候变化方案全部编制完成并进入实施阶段，第二次《气候变化国家评估报告》也已发布。这些低碳政策的出台为实现中国节能减排目标奠定了重要基础[2]。

表1-1　"十一五"以来中国推进低碳发展的主要政策

时间	政策与文件	相关内容
2006 年 12 月	发布第一次《气候变化国家评估报告》	基于中国气候变化的科研成果和观测事实，提出了应对气候变化的政策主张

---

① 齐晔，马丽. 中国气候变化政策与管理体制及改进对策［J］. 中国人口·资源与环境，2007（2）：8-13.

② 陈迪. 我国发展低碳经济的公共经济政策［D］. 兰州：兰州商学院，2012.

续表

时间	政策与文件	相关内容
2007 年 6 月	发布《中国应对气候变化国家方案》	把能源生产和转换、提高能效与节约能源等列为温室气体减排的重点领域
2007 年 6 月	制定了《节能减排综合性工作方案》	包括 40 多条重大政策措施和多项具体目标
2007 年 10 月	修订通过《中华人民共和国节约能源法》	包括总则、节能管理、合理使用与节约能源、节能技术进步等七部分
2007 年 12 月	发布《中国的能源状况与政策》白皮书	归纳了中国能源的基本状况、能源发展战略和目标、推进能源节约等多方面现状
2008 年 10 月	实行《公共机构节能条例》	目的在于推动公共机构节能，提高公共机构能源利用效率
2008 年 10 月	发布《中国应对气候变化的政策与行动》	包括气候变化与中国国情、气候变化对中国的影响、相关的战略和目标等内容
2009 年 1 月	实施《中华人民共和国循环经济促进法》	进行了一系列调整产业结构、促进节能减排的政策性规定
2009 年 2 月	发布《节能与新能源汽车示范推广财政补助资金管理暂行办法》	中央财政支持国家节能与新能源汽车示范推广工作
2009 年 5 月	提出《低碳经济科技示范区工作方案》	选择不同类型的城市、社区、行业进行试点和示范，建设低碳经济科技示范区
2009 年 7 月	印发《2009 年节能减排工作安排的通知》	在保持经济平稳较快增长中坚持节能减排，全面落实各项节能减排政策措施
2009 年 8 月	通过了《关于积极应对气候变化的决议》	包括采取切实措施积极应对气候变化、加强应对气候变化的法治建设等内容
2009 年 11 月	承诺到 2020 年单位 GDP 的二氧化碳排放比 2005 年下降 40%~45%	国务院决定将该目标作为约束性指标纳入国民经济和社会发展中长期规划

续表

时间	政策与文件	相关内容
2009 年 12 月	出台《关于在国家生态工业示范园区中加强发展低碳经济的通知》	通过国家生态工业示范园区试点工作，积极探索园区减少碳排放的有效途径
2010 年 1 月	国家重点节能技术推广目录（第二批）	涉及煤炭、电力、钢铁、有色金属等 11 个行业，共 35 项高效节能技术
2010 年 8 月	发布《关于开展低碳省区和低碳城市试点工作的通知》	确定在粤、辽、鄂、陕、云五省和天津、重庆、深圳等八市开展低碳试点工作
2010 年 10 月	《低碳经济发展指导意见》已编制完成	构建了温室气体减排的体制机制，提出在特定区域或行业探索性开展碳排放交易
2011 年 2 月	新车船税法公布	鼓励小排量节能交通
2011 年 3 月	"十二五"规划纲要	提出 2015 年比 2010 年单位 GDP 能耗降低 16%；单位 GDP 碳排放降低 17%
2011 年 11 月	发布第二次《气候变化国家评估报告》	基于中国气候变化的科研成果和观测事实，提出了应对气候变化的政策主张
2012 年 5 月	印发《"十二五"国家战略性新兴产业发展规划》	提出 2015 年和 2020 年节能环保、新能源和新能源汽车产业发展路线图
2014 年 4 月	表决通过了《中华人民共和国环境保护法修订案》	提出公民应当增强环保意识，采取低碳、节俭的生活方式
2015 年 9 月	发布《节能低碳产品认证管理办法》	规范节能低碳产品认证活动，促进节能低碳产业发展

　　尽管我们的低碳发展已取得初步成效，但与一些发达国家相比，还有不小的差距。例如，近几年来我国低碳政策出台的步伐加快，但相关的配套法律体系尚不健全；各级财政投入逐步加大，但相关政策落实不到位，甚至一些地方政府上演"停电"式的节能减排，多个地方政府上演"拉闸限电"式节能减排。低碳市场机制有所推进，但主要的推手仍是行政手段，没有充分调动企业和个人的低碳积极性。因此，低碳战略和政策还有待进一步完善。

（二）中国低碳社会的政策导向：定目标、抓考核、创机制、控财税

从目前的情况来看，发展低碳经济是未来发展的主要方向。而中国低碳政策的导向也应当逐步健全和完善。总体而言，政策导向分为四个部分：首先是自上而下地设定目标，如节能减排目标等等；接下来是针对设定的目标进行考核；同时，需要创新政策机制；最后，完善低碳财政税收职能，才能从顶层设计上引导实现低碳社会的目标。

定目标、做规划是未来低碳政策的必然趋势。目标是行动的最高纲领，是低碳社会发展的动力。2007 年，我国出台了《中国应对气候变化国家方案》，接着在 2008 年出台了《中国应对气候变化的政策与行动》；国家"十二五"规划纲要提出了 5 年内将万元 GDP 能耗降低 16%、主要污染物排放减少10%。国新办 2015 年国民经济运行情况发布会的数据显示，2015 年单位国内生产总值能耗比上年下降 5.6%。"十二五"累计完成节能降耗 19.71%，这意味着"十二五"节能降耗 16% 的目标超额完成。"十三五"规划纲要提出要在上期规划目标超额完成的基础上，5 年内进一步将单位 GDP 能耗降低 15%、主要污染物排放减少 10% 的目标。政府应当尽快制定低碳经济发展总体规划并指导其下级规划和相关规划的制定，以确保各部门、各环节科学有序地推动低碳经济发展，如低碳交通规划、低碳社区规划、低碳城市规划等，并落实规划之间的相互衔接。

完善各级地方政府低碳考核制度已是大势所趋。2013 年，中央已经明确指出不单纯以地区生产总值作为地方政府的考核标准，唯 GDP 是从的时代已经结束。把低碳经济工作的发展作为评价和任用干部的重要依据，建立和完善岗位责任制、问责制和科学的评价体系，这是低碳社会发展的必然趋势。

创新改革机制是低碳政策进步的动力。积极探索低碳建筑与低碳园区创建、低碳社区建设、低碳城市等各类低碳试点。同时，逐步推进城市生态环境建设工程、低碳化社区示范工程、办公大楼低碳化运行示范工程等项目，开展一些创建活动，如低碳机关、社区、医院、学校、饭店和家庭的创建活动。提供低碳经济发展专项基金，建立低碳经济的生产机制、生态补偿机制、强制退出机制和财税战略的激励机制，完善低碳发展的技术成果转化体系，搭建低碳发展的技术服务平台①。

---

① 徐匡迪. 转变发展方式，建设低碳经济［J］. 上海大学学报（社会科学版），2010（4）：5-16.

完善低碳财税政策是低碳政策的核心要素。"运用价格杠杆引导企业节能减排。以经济手段为主、行政方法为辅建立完善的能源价格宏观调控体系，按照补偿治理成本原则加大排污单位排污收费标准"，加强对高碳发展的制约力度。研究和创立环境资源税，如旨在降低温室气体排放的燃料环境税、矿产资源税、水资源税、森林资源税等其他税项；通过严格的土地、信贷、项目审批、进出口关税和配额等政策措施，坚决遏制高耗能、高污染产业过快增长。同时，研究和开展生态环境补偿收费（或征税），使自然资源开发过程中造成的生态环境破坏得到补偿①。

（三）从"低碳"到"绿色发展"

相对于先行工业化国家在完成工业化进程中对自然资源的掠夺式开发以及对自然环境的集中式破坏，低碳经济的发展模式是人类从工业文明向生态文明跨出的具有历史意义的一步②。

低碳经济最初的出发点是为了应对全球气候变化，减少温室气体的排放，但在实质上，低碳经济已经从外部触动了工业经济模式③，通过低污染、低排放和高效能源使用使碳排放总量下降的低碳经济不仅仅改变了人类的生产方式，也影响和改变着人类的生活和消费方式。

在这样的基础上，十八大以来习近平总书记进一步提出，为人民群众创造良好的生产生活环境，我国必须贯彻新的发展理念，坚持生态良好的文明发展道路。推动形成绿色发展和生活方式是贯彻新发展理念的必然要求。

绿色发展模式是相对于以高消耗、高污染、高排放为基本特征的黑色模式，包含着制度体系、生产生活、社会运行以及价值理念的方方面面，是生态文明建设的表现和主题，体现出对以大量生产、大量消费、大量废弃为标志的工业文明的深刻反思。可以说生态文明是在经历工业文明之后，面对逐渐严峻的环境问题而萌生出的新的文明形式。在以绿色为代表的生态文明建设的大目标下，绿色、循环和低碳是三个互相交错，又有各自偏重的基本途径。而我国正处于全面建设小康社会的关键时期，必须要把绿色、循环、低碳发展融入生态、政治、文化、生产、生活和价值导向的全方位建设之中。

《中华人民共和国国民经济和社会发展第十三个五年规划纲要》在此基础

---

① 姜星莉. 经济全球化背景下中国能源安全问题研究 [D]. 武汉：武汉大学，2010.

② 李南翔，赵勇. 关于低碳经济的几点思考 [J]. 能源技术经济，2010（8）：1-3.

③ 张孝德. 低碳经济的三个悖论与局限性 [N]. 中国经济时报，2009-12-21（12）.

上进一步提出关于落实"绿色发展"的创新、协调、绿色、开放、共享五个新发展理念。习近平总书记在中共中央政治局第四十一次集体学习时强调指出，推动形成绿色发展方式和生活方式，是发展观的一场深刻革命。必须改变过多依赖物质资源消耗、过多依赖规模粗放扩张、过多依赖高能耗高排放的发展模式，加快构建科学适度有序的国土空间布局体系、绿色循环低碳发展的产业体系、约束和激励并举的生态文明制度体系、政府企业公众共治的绿色行动体系，把发展的基点放到创新上，实现更多依靠创新驱动、更多发挥先发优势的引领型发展。

而任何一种社会主流思维和习惯的形成都不能仅仅依靠理念的宣传和教育，还需要有政策引导、法规和社会约束以及经济激励才能得以形成。今后也需要以导向、约束和激励等多种手段相结合，才能逐渐引导形成一个绿色的生态社会，而低碳生活是其中一项重要的发展目标和发展路径。

第三节　青年在低碳生活中的地位和作用

青年时期是脱离家庭怀抱，走向社会，选择并形成自己相对稳定生活模式的时期。青年在追求选择自己生活方式的时候，面临着最为现实的生活条件，接受和输入最为现实的生活观念。恩格斯认为，时代的性格主要是青年的性格。那么时代生活方式的特征也可以说是青年生活方式的特征。当代青年是在改革开放的时代大背景下选择和形成自己的生活方式的，其生活方式映照着强烈的改革和开放的时代色彩。他们是社会中最富有活力的部分，在生存、享受和发展的人类三大需求面前，不断增强适应生存环境的能力，更善于享受美好的新生活，同时格外重视自身的全面发展，重视潜能的发挥和抱负的实现，求知欲望越来越强。

低碳是整个社会发展的必然要求，更是对当年青年发展的要求。青年是未来生活的核心，也是社会未来发展最强的动力，因此，要真正建成低碳社会，就必须从青少年开始抓起，从当前做起，大力推动不平衡的低层次的小康生活方式向全面小康的生活方式转变，推动传统生活方式向现代生活方式转型，在新时期形成综合的、面向未来的、以青年为主体的、强调生态和谐的新型青年低碳生活方式。这将是一种健康的、简约的、绿色的生活方式，是面向后现代社会中以人为本、尊重个性并促进经济社会可持续发展的重要增长点。因此，倡导低碳经济、践行低碳生活方式是我们的共同责任和使命，更是中国青年生活方式的时代主题。

整体来说，青年在低碳生活中有着不可替代的地位和作用。

一、青年在低碳生活中的地位：节能减排的主力军

由于青年人口众多，又对社会的新思想、新理念有很强的接受能力，因此，青年毫无疑问地成为低碳社会的主力军。青年的人口数量众多，2000 年世界青年人口约为 10.66 亿，在全球人口中所占的比率约为 18%，中国 14～29 岁青年人口约为 3.44 亿，约占全国人口的 25.8%。

"低碳"作为一个新兴的理念，在被社会认同的过程中需要经历一个被人们缓慢认知的过程，而青年群体更加容易接受新鲜事物，是推广低碳理念的重要力量。随着对气候、环境的危机感以及对青年力量的认识，号召青年采取实际行动、增强青年参与决策进程的能力、具有全世界青年行动纲领意义的国际青年日在 2008 年的主题是"青年与气候变化：行动起来"。这是由于人们认识到气候和环境的变化正在从根基毁灭我们的社会，这将使青年所面对的挑战更为复杂，也更迫切地需要青年身体力行，采取实际行动来应对气候和环境变化。2009 年 8 月 12 日国际青年日的主题为"可持续性：我们的挑战，我们的未来"。从中可以看出，当今青年要关注的不仅仅是环境的可再生发展，更要关心社会和经济的可持续力，提升对社会和全体人类的责任感。我们的世界面临着相互关联的多重危机，全球经济下滑意味着失业率继续攀升，这对青年的冲击尤其深刻。气候和环境变化持续损害着各国经济，并带来巨大动荡的潜在威胁，使全世界各地青年承担着不公正的"生态债务"。

而青年们或以身作则实践绿色和健康的生活方式，或促进创新使用新技术，用实际行动证明了自己是可持续发展方面的主要合作伙伴。本次调查结果也显示出 59.02% 的青年"非常同意"青年人"应该率先践行低碳生活方式"，31.94% 比较同意。可以看出，青年人已经意识到其自身应该率先践行低碳生活。

二、青年在低碳生活中的作用：传播理念，带头践行

低碳生活就是要将低碳意识深入日常生活之中，成为一种自觉的生活方式，成为一种自觉行为。

"青年在生活方式上的探索，唤醒了在政治主宰一切的体制下生活的人们

对日常生活的兴趣和关心，引发了人们生活观念和行为方式的变革"①。其中，青年学生是我国社会群体的杰出代表，应该在全社会树立起关注低碳生活、关注环境保护、倡导可持续发展理念的榜样，做出表率性行为，成为低碳生活方式的积极实践者和低碳先锋。青年学生在低碳生活和传播方面有着人文素养、专业知识、年龄以及语言表达等多方面的优势，对于低碳生活方式与理念的接受和理解能力要更高于普通社会群体，是最愿意也最容易形成低碳生活方式的群体。青年学生在学校所学习到的低碳知识、形成的低碳理念与生活方式，可以进一步传递给身边的同学、亲人与朋友，并在进入社会工作岗位后进一步影响其他社会群体。因此，当代青年学生是低碳生活方式的重要的传播者和践行者，他们养成低碳生活方式、促进低碳理念的传播对于全社会低碳行为方式的普及有着重要的作用。

青年群体接受和树立低碳的理念，不仅起到宣传关注的作用，而且更可能形成一个低碳消费的示范群体、领路人群体。青年人充满着年轻的活力，他们对于未来有着无限的期许和向往，对于国家的建设和社会的发展更是充满了奋斗的激情。科学、健康的生活方式是当代青年所必须要具备的重要素质之一，青年一代应当带头形成崇高的社会责任意识，养成健康文明的生活和消费习惯，在日常的学习与生活当中杜绝浪费、合理消费，重视减少耗能，在生活中能够注意自己的行为不对资源和环境造成破坏，热爱自然、亲近自然，以更好的面貌去参与社会的建设。尤其是青年大学生作为我国青年群体的杰出代表，对于我国的可持续发展战略来说，是重要的践行者、决策者与制定者，大学生是否具备低碳意识，是否养成低碳生活方式将直接关系到我国下一步社会发展的整体方向。

---

① 陆玉林. 当代中国青年文化研究［M］. 北京：人民出版社，2009：82.

第二章 青年低碳生活：演进轨迹

青年生活方式在相当程度上呼应着社会的变革，具有强烈的时代特性，折射着现代社会发展的脉络。马克思和恩格斯曾指出："当 18 世纪的农民和手工工场工人被吸引到大工业中后，他们改变了自己的整个生活方式而完全成为另一种人，同样，用整个社会的力量来共同经营生产和由此而引起的生产的新发展，也需要一种全新的人，并将创造出这种新人来"①。其中，"未来新人"具有两层含义：一是"每个人的全面而自由的发展"②，二是新人的产生依赖于生活方式的更新，青年生活方式的重要意义由此凸显。

第一节 青年生活方式的内涵

一、纳入理论研究范畴的生活方式

马克思、恩格斯和列宁的诸多著作中多次涉及生活方式的范畴问题，从而为生活方式的理论研究奠定了基础。马克思和恩格斯使用的"生活方式"，主要有两层含义。第一，把生活方式与生产方式紧密联系在一起。马克思和恩格斯在《关于费尔巴哈的提纲》中这样说："个人怎样表现自己的生活，他们自己也就怎样。因此，他们是什么样的，这同他们的生产是一致的——既和他们生产什么一致，又和他们怎样生产一致。因而，个人是什么样的，这取决于他们进行生产的物质条件。"③ 他们认为，人类社会历史的第一个物质

---

① 中共中央马克思恩格斯列宁斯大要著作编译局. 马克思恩格斯选集：第 1 卷 [M]. 北京：人民出版社，1995：220-223.

② 马克思，恩格斯. 共产党宣言 [M]. 北京：人民出版社，1978：47.

③ 中共中央马克思恩格斯列宁斯大要著作编译局. 马克思恩格斯选集：第 1 卷 [M]. 北京：人民出版社，1995：25.

前提，就是有生命活动和生活活动的存在，满足这些衣食住行的最基本形式，就是必须要通过物质生产来实现。马克思在《〈政治经济学批判〉序言》中写道，"物质生活的生产方式制约着整个社会生活、政治生活和精神生活的过程"①，即有什么样的生产方式就有什么样的生活方式。

第二，把生活方式作为区分阶级和阶层的一个重要指标。这种指标通过观察人们的生活方式，挖掘隐藏在背后的社会生产关系、经济关系、政治关系来确定其身份或划分其基础。马克思在他的《路易·波拿巴的雾月十八日》中对法国农民阶级的生活方式进行了分析，"小农人数众多，他们的生活条件相同，但是彼此间并没有发生多种多样的关系。他们的生产方式不是使他们互相交往，而是使他们互相隔离"，"既然数百万家庭的经济条件使他们的生活方式、利益和教育程度与其他阶级的生活方式、利益和教育程度各不相同并互相敌对，所以他们就形成一个阶级"②。从当时情形看，这种阶级的区分从本质上看是由生产关系和经济条件决定的，而从现象上看，则是由他们特殊的生活方式、利益和受教育程度决定的。

在西方社会学界，有关生活方式的话题很早就受到学者们的关注。韦伯、凡勃伦、布迪厄等人分别从不同的角度对生活方式进行研究。社会学家韦伯（M. Weber）与凡勃伦（T. Veblen）就把生活方式作为社会分层与尊荣的标志来研究。凡勃伦说，"生活方式可以概括地把它说成是一种流行的精神态度或生活理论"，"当炫耀性的消费构成整个生活方式的时候，社会经济地位较低的阶级总是或多或少地模仿这种消费"③。韦伯则说，"一定的生活方式能够受到一些人的期盼，以致他们都希望进入这个圈子"④。韦伯和凡勃伦对生活方式的相关性研究给生活方式的内涵引入了一个全新的内容——"消费"，也正是如此，20 世纪中期西方社会进入"大众消费"时代后，消费方式研究成为了生活方式研究的重要内容，消费与社会分层和社会认同成为人们关注的热点。

世界卫生组织认为，生活方式是建立在生活条件和个人行为方式相互影

---

① 中共中央马克思恩格斯列宁斯大要著作编译局 . 马克思恩格斯选集：第 2 卷［M］. 北京：人民出版社，1995：82.

② 中共中央马克思恩格斯列宁斯大要著作编译局 . 马克思恩格斯选集：第 1 卷［M］. 北京：人民出版社，1995：693.

③ ［美］凡勃伦 . 有闲阶级论［M］. 蔡受百，译 . 北京：商务印书馆，1982：16.

④ M. Franmax Weber. Essays in Sociology［M］. Oxford University Press，1946：91.

响基础之上的一种生存方式，取决于社会因素和个人特征①。广泛被学者们认可并引用的生活方式概念是"在不同的社会和时代中生活的人们，在一定的社会条件制约下和在一定的价值观指导下，所形成的满足自身需要的生活活动形式和行为特征的总和"②。《中国大百科全书·社会学》中把生活方式定义为"不同的个人、群体或社会全体成员在一定的社会条件制约和价值观念指导下，所形成的满足自身生活需求的全部活动形式与行为特征的体系"③。也就是人们长期受一定文化、经济、民族、风俗、社会、家庭等影响而形成的一系列生活习惯、生活制度和生活意识。此外，有关学者也给生活方式概念更为详细的阐释："生活方式是在一定的生产关系基础上形成的，它包括人们的衣食住行、劳动工资、休息娱乐、社会交往、待人接物等物质生活和精神生活的价值观、道德观、审美观以及与这些观念相适应的行为方式和生活习惯等，它与一定的物质生活条件相联系，但是它并不就是生活水平，而是受一定的人生观、价值观以及审美观支配的有关物质生活和精神生活的行为模式和生活习惯。"④

二、青年生活方式的内涵

生活方式包含广义和狭义两个方面。广义上的生活方式，涵盖劳动生活、政治生活、物质消费生活、闲暇和精神文化生活、交往生活、宗教生活等广阔领域；狭义上的生活方式主要把"生活"限定在日常生活领域，如物质消费、闲暇和精神文化生活、家庭里的生活劳动等，或简单地说指"衣、食、住、行、乐"领域⑤。

从表现形式看，生活方式主要包括三种因素。一是生活活动条件。这是生活方式形成的客观前提，包括自然环境和社会环境两大系统。自然环境是人们生活方式赖以形成的基础。社会环境分为宏观和微观两部分：宏观社会环境包括生产力发展水平、生产关系与社会关系的性质、社会结构的特点以

---

① 张会来，李广宇，张宝荣，等. 华北2所高校大学生健康危险行为的描述性研究 [J]. 中国学校卫生，2004，25（2）：192-193. 转引自王冬博士学位论文。
② 王雅林. 人类生活方式前景 [M]. 北京：中国社会科学出版社，1997：5.
③ 中国大百科全书总编辑委员会（社会学编辑委员会）. 中国大百科全书·社会学 [M]. 北京：中国大百科全书出版社，1991：369.
④ 罗萍. 生活方式学概论 [M]. 兰州：甘肃科学技术出版社，1989：14.
⑤ 王雅林. 生活方式研究述评 [J]. 社会学研究，1995（4）：41-49.

及政治、法律、文化教育、道德规范、民族传统等；微观社会环境包括人们具体的劳动条件、收入状况、消费水平、教育程度等现实生活方式中的人们身临其境的环境，由于个人所面对的微观社会环境是千差万别的，这就决定了个人的生活方式呈现出无限的多样性。

二是生活活动主体。生活活动的主体是人。生活方式既可以是个人的，也可以是群体的。生活方式的主体结构包括社会意识形态要素、社会心理要素以及个人心理要素三个层面。其中，对生活方式起最高调节作用的是一个人、一个群体、一个民族、一个国家甚至整个人类社会所具有的价值观。在一定意义上可以说，生活方式就是为一定的价值观所支配的主体活动形式。

三是生活活动形式。生活活动形式也就是生活方式的具体表现。任何一种生活方式必然表现为人们的种种行为模式，从而使人们的生活方式具有可见性、现实性。我们判断一个人、一个群体、一个社会或一个时代的生活方式如何，正是以诸多外显出来的生活行为、形式、方式为依据的。我们要研究的当代青年的生活方式，就是要通过当代青年的学习、消费、人际交往以及闲暇娱乐等一系列生活活动的表现形式来加以展现。

青年生活方式是整个社会生活方式中的重要组成部分。由于青年群体年龄、社会地位和承担社会责任的特殊性，其生活方式的状况、特点、存在问题等也就格外引人注目。青年生活方式不完全是广义上的生活方式，也不完全是狭义上的生活方式，它是介于二者之间的交叉型活动方式，即青年生活方式中的劳动生活方式有其特殊性，因为他们中的一部分还不具备劳动者的条件（年龄、经济状况、能力、经验等）；同时，青年生活方式的内涵又区别于狭义上的生活方式范畴，因为它不同于狭义生活方式中家庭生活方式的内容，不同于只属于个体意义上的生活方式范畴。因此，青年生活方式是以劳动活动方式、闲暇生活方式、消费活动方式、交往生活方式、家庭生活方式等为存在主体的生活方式。

青年生活方式，是在一定的社会环境下，社会整体的生活方式在青年群体身上的表现。青年生活方式属于群体生活方式，介于社会生活方式与个人生活方式之间，是中观层次的生活方式，它是作为人的一般化的生活方式在青年身上的特殊映照和表现。青年生活方式的具体内涵是：青年为满足自身的生活需要，依据一定的文化模式，运用环境提供的各种物质和精神文化资源的特殊活动方式和配置方式，并且在日常的学习、生活、工作等活动过程中形成的行为方式、行为特征和行为习惯的总和。一般按照青年生活的不同领域，把青年的生活方式划分为劳动生活方式、消费生活方式、闲暇生活方式、交往生活方式和家庭生活方式等领域。

青年既是生活方式的创造者，又是生活方式的承担者，青年的生活方式是以物质消费和精神消费为主要特征的生活形态。从上述生活方式的分类来看，由于青年具有共同的阶段性任务和共性的生活方式，而且群体规模相当之大，青年生活方式的类型既属于群体型生活方式，又属于个人生活方式，表现出极富自我特点的特性。

第二节　青年生活方式的基本特征

一、青年生活方式的总体特征

青年生活方式是作为人群中的特定群体——青年人在生活方式中的集中概括，对这种特殊性，研究和把握的深度和高度是以生活方式的一般特征为基础的，现在以探讨生活方式的一般特征为切入点，展开进一步的分析。

（一）主体的青年群体属性

任何生活方式都有其主体。生活方式是人的活动方式，作为生活活动主体的人，可以是个人，也可以是社会群体、职业团体、宗教团体、氏族、部落、民族、阶层、阶级，还可以是整个社会或整个国家。通常主要指千差万别的个人。社会和国家的生活活动形成宏观的生活方式，它通过无数个人、群体的共同生活活动特征体现出来。个人和群体的生活活动形成微观的生活方式。文明、健康、科学的社会主义生活方式的主体，主要是工人、农民、知识分子以及团结互助的各民族、各职业团体。

青年的生活方式具有以上人的一般生活方式的内容和特征，但因为青年时期是人生过程的一个特殊时期，具有相对的独立性，因此青年生活方式又具有由青年的特殊本质所决定的特殊性，它通过生活方式表现出来，而与人生其他时期社会成员的生活方式呈现出区别和差异。

（二）亚文化与反哺性

任何生活方式都是其主体在特定目的指导下，通过生活活动内容体现出来的活动形式。任何生活方式都是其主体作用于受体活动对象而形成的固定生活形式。人们为了生存，为了享受和发展，要从事各种生活活动，主要是吃穿住用行、文化娱乐、民主管理、劳动和工作，等等。这些活动多是主观见之于客观，主体作用于受体的活动。如果活动的效果有利主体生存、享受和发展，那么其行为形式就会固定下来。而且效果越大，就越巩固。如果活动的效果对主体无益，那么此行为形式就会遭到否定。人们经过长期的选择，最终形成固定的活动形式即生活方式。

青少年作为一个社会年龄类别，其生活方式也具有自己特殊的行为和价值取向。区别于其他年龄类别群体，青少年与同龄人的沟通较多，其同辈群体对其行为和决策有着较大的影响，也可以说青少年的行为较其他年龄群体更具有"小团体性"的特点。在维持与主文化具有一定相同价值和观念的基础上，青年群体常常具有自己独特的价值和观念，形成自己的亚文化群体。

随着中国的经济发展和开放，物质基础的日渐丰富和多元化的精神交汇使得我国青年文化以及青年生活方式都发生了巨大的变化。随着科技的快速发展、网络和新媒体的普及，文化传递机制也发生了改变，我国逐渐进入到"后喻文化"社会，出现了成年人向青年人学习的"文化反哺"现象。那些具有先进理念、适应社会发展的青年生活方式越来越可能被大众文化所吸收，而成为一种社会风尚。

（三）从属性与冲击性

任何生活方式都是与社会条件相统一的生活方式。任何生活方式都有社会的从属性。人类的生活活动受多种因素制约，主要有生产方式、政治法律制度、哲学意识形态、民族习惯、宗教信仰、外民族影响、科技发展等社会因素，以及地质条件、地理条件、气象条件等自然界因素。其中起决定作用的是生产方式。社会主义的生活方式自然是和社会主义历史条件相统一的生活方式。生活方式的从属性具体表现为时代和社会的从属性，不同时代和社会有着不同的生活方式。

任何生活方式一旦形成，就会对个人产生规范作用，并反作用于社会。它通过固定的生活习惯，约束人们，指导人们，应该怎么活动，不应该怎么活动；怎么活动对人、对社会有益，怎么活动对人、对社会有害。全社会的生活方式对个人不仅有规范作用，而且还有决定作用。同时，生活方式能够反作用于社会，适应生产力发展的生活方式能促进社会的进步；阻碍生产力发展的生活方式，则会制约社会的进步。

青年的生活方式具有一般生活方式的社会从属性和约束性。而青年时期也是正在树立自我个性,强调自己独立主张的时期。青年思想活跃开放,较少受到以往社会经验和传统思想的束缚。由于青年自身的特点,他们最愿意接受新生事物以及新的生活方式。那些被践行的体现新型价值观的青年生活方式,必定会对整个社会的政治、经济和文化生活形成一定的冲击。我国已逐渐进入"后喻文化"社会,"文化反哺"是青年文化对成人文化的一种积极、主动的影响过程①。青年生活方式中那些适应社会发展的、具有生命力和正向价值的生活模式在全社会的发展中具有超前性、预示性以及示范性的作用和特点。

(四) 成长性与过渡性

青年人与其他年龄层的社会成员不同,有其自身的特殊性。青年处在从少年到成年、从依附性走向独立性的过渡阶段,是一个学习、准备以至成为一个社会人的过渡时期。随着心理上的自我实现,处在过渡时期的青年的独立性迅速发展起来,渴求自主,不愿接受传统的价值标准,力图通过自己具有时代特征和未来因素的生活方式来表现自己,与成年人的生活方式出现"代际差"。社会越是迅速发展,文明传递越快,这种代际差也越明显,而且年龄间隔界限越来越短。青年时期这种从依赖型走向自主型,从不稳定状态走向稳定状态的成长和过渡特征,在青年生活的劳动、消费、闲暇、交往、家庭等不同领域中都有明显表现。

二、青年劳动生活方式的主要特征

青年期是由不自立的未成年走向完全自立的成年的过渡时期,而社会自立的标志就是获得较为稳定的职业,从事劳动生产活动,因而,青年劳动领域的生活方式表现出以下三个方面的特点。

(一) 学习是青年劳动生活方式的最主要内容

学习是青年的生活以及生活方式的有机组成部分。这是因为青年在获得稳定的职业以前,必须经过较长时间的学校学习,进行专门的培养和训练。"学习、学习、再学习",学习是青年的主要任务,尤其是处在学习阶段青年

---

① 戴文静.近三十年中国青年文化研究的嬗变与反思 [J].中国青年研究,2017 (1):80
-87.

的主要任务以及占据主导地位的生活方式。

（二）职业选择活动在青年生活方式中占据最重要的位置

职业选择活动成为青年生活方式的最重要的组成部分，直接关系到其生存和全部生活理想、幸福的实现。青年由未成年到成年，最关心的就是工作，有了职业，才有可能从家庭走向社会获得独立，才有可能满足自己的消费和日常生活需求，才有可能建立家庭，完成社会化过程等。成年人的生活方式虽然也包含着职业选择活动，但他们只是再选择，一般已有较稳定的职业。

（三）对劳动生活质量要求较高

青年特别希望获得那些能够发挥他们知识、技能、兴趣、爱好和潜力的职业，特别希望在职业活动中能实现自己的这些要求，因此，青年对劳动生活质量要求较高。但是，由于他们刚进入劳动生活领域，缺乏劳动经验，经济收入也不高，他们所从事的职业活动往往会与其期望发生较大冲突，从而出现不稳定性，不像成年人劳动生活方式那样趋于稳定。

三、青年闲暇生活方式的主要特征

（一）闲暇时间较多

由于逐渐脱离原有家庭，尚未建立新家庭或刚建立家庭不久，青年的家务活动较少。除了工作、学习和个人生活必需时间以外，青年人有较多时间供个人自由支配。青年人的闲暇时间比成年人特别是成家后的中年人的闲暇时间要多得多。由于有较多的闲暇时间，且经济收入主要供个人自由分配，还由于有较充沛的精力、较多的生活爱好兴趣，青年的闲暇生活方式较成年人丰富得多。

（二）闲暇生活对青年发展具有重要意义

青年的闲暇生活在其整个生活中占据着特殊的地位，并具有特殊的社会意义。一方面，青年对闲暇生活质量有较高的要求。青年的兴趣、爱好、潜力较多，而这些都难于在劳动生活领域里得到充分实现和发挥。青年特别需要通过闲暇生活来满足自己丰富的需要和自由发挥自己的潜能，也特别需要社会能够在闲暇时间里提供更多的条件和渠道来实现自己的愿望。另一方面，闲暇时间是完全为个人自由支配而较少受社会约束的时间，由于心理情绪尚不稳定，闲暇时间又较多，青年往往不能有效地支配和充分利用闲暇时间。

青年的休闲动机具有多样化的特点。归纳起来，青年的休闲动机主要有放松舒缓、兴趣娱乐、沟通交往以及谋生与就业等。近年来，青年的休闲生活日渐时尚化、网络化。当代青年更加注重追求内容多元化、形式新奇而刺激的休闲活动。另外，青年的休闲娱乐生活也更趋向于媒介化，多数青年都把上网当作休闲的主要方式，成为"光电族""宅男""宅女"，足不出户就可以获取信息、浏览图片、听音乐、聊天，休闲利用方式极其便捷。

四、青年消费生活方式的主要特征

享用物质生活资料（包括劳务）的方式就是消费生活方式，它主要由消费观念、消费水平、消费结构、消费方式和消费习惯5个方面构成。消费水平是构成消费生活方式的基础，影响到消费结构和消费观念。消费水平包括消费收入水平和消费支出水平，只有当消费收入水平达到一定程度时，消费支出水平才会相应提高，前者会直接制约后者。而对于消费结构和消费观念，则与消费水平密切相关。比如，消费水平越低，消费结构中生存资料的比重越大；反之，消费水平越高，消费结构中发展资料和享受资料的比重越大。

（一）青年消费生活方式的过渡性

青年时期是由不自立走向自立的过渡时期。在消费生活领域，这意味着青年的消费水平、消费模式、消费心理等，从"依赖型"走向"自立型"，从不稳定状态走向稳定状态，过渡性作为青年消费生活方式的总特点主要体现在消费水平和消费模式上。

消费水平的过渡性。消费水平是由经济收入决定的。未成年人没有任何经济收入，完全依赖于家庭或社会福利部门，其消费水平与家庭消费水平趋于一致，而青年时期处于就业之前或就业的过程中，开始进入获得经济收入的时期，消费生活也开始由"完全依赖型"过渡到"自立型"。由于就业成为青年由依赖走向自立的标志，就业前的青年与就业后的青年消费水平有较大差别。青年在获得固定职业前，其消费生活来源主要依靠家庭或社会的资助，就业前的青年特别是青年学生的消费生活方式表现为"依赖性"。已获得固定职业或固定收入的青年，其生活来源是自己的劳动所得。由于他们大多尚未建立新的家庭，家庭经济负担较轻，其收入主要供自己消费，因而"依赖型”的生活方式开始转变为“自立型”生活方式，其消费水平有可能比其他社会成员的消费水平还高。但是，青年由于刚进入劳动领域，缺乏劳动经验，收入报酬相对较低。同时，他们又面临着建立新的家庭，需要有所储蓄，这样，他们的消费水平又有可能比其他社会成员低，由于收入低或处于不稳定状态，青年也有可能无法实现经济上的完全自立，而不得不对家庭有所依赖。

消费模式的过渡性。青年时期的心理状态较为活跃，有较多的兴趣、爱好和丰富的需要、欲求，因此，他们往往以较为丰富的消费形式来满足自己的消费需求和表现自己的个性，同时，经济收入主要供自己消费又使他们有可能追求和选择较为丰富的消费形式。所以，青年的消费生活活动往往表现为内容的丰富多彩、方式的时代性、模式的标新立异、目的的面向未来性以及极具自身的个性特征。

（二）青年消费生活方式的自我认同意义①

自我认同是指个人对自我的社会角色或身份的理性确认，是个人社会行为的持久动力。现代社会，人们选择的消费方式在很大程度上是由人们的认同所决定的。人的认同和消费成为同一过程的两个方面——认同支配了消费，消费则体现出认同。现代消费不再主要受生理因素驱动，也不再单纯由经济决定，而是更具有社会、心理的象征意义，是一种个性、身份以及关系的建构手段，消费者借此与社会产生密切联系，获得认同感。青年也常常以自己特有的消费方式来进行青年群体的确认和自我认同。他们通过购买特定商品，显示自己特有的消费习惯，从而“定义”自己，找到自己的价值感和归属感。

（三）青年消费生活方式的相对非理性化

青年处在消费需求迅猛增长、消费能力无限扩张、消费支付能力正在逐步形成、消费行为与消费习惯不断变化和更新的过程之中，青年消费生活方式表现出比成年人更多的非理性化。例如，以追求名牌为主，过度注重商品的符号价值而不是使用价值，消费主要是为了商品的象征性，从而达到心理满足，并借此寻求他人和社会的认同；或由于消费心理还不成熟，消费缺乏计划性，盲目追求舒适生活；或不根据主观需要和承受能力的从众消费、攀比消费、炫耀消费；等等。由于生活经验不足，青年在消费生活中难免会发

---

① 蔡雪芹. 现代消费与人的自我认同 [J]. 理论月刊, 2005 (9)：61-63.

生一些消费偏差。这不仅不利于青年健康生活方式的养成，也在一定程度上造成了社会资源的浪费①。

（四）青年消费生活方式的时尚化

青年对异域文化和生活方式的反应快速。中国改革开放之后，西方的文化、社会思潮和生活方式涌入中国，电话、电视、电脑等现代通信手段的广泛运用使地球似乎日益缩小，发达的大众传媒将世界上最新的一切展示在中国人眼前。青年对新事物的敏锐感应力使他们能对异域文化和生活方式做出快速的反应，是对社会时尚和消费文化接受力最强的群体。此外，青年时尚文化从根本上来讲是对个性、与众不同感以及被人关注感的追求，青年对时尚的偏爱，是希望通过时尚文化来表现其品位、消费观念、生活方式以及娱乐休闲的需求。同时，青年重视精神文化消费，如今高格调的精神文化方面的消费成了青年消费生活的主旋律，因此青年群体在文化发展和生活方式上往往实践着新的社会价值，引领着新的社会潮流，是新的生活方式的倡导者和传播者②。

五、青年交往生活方式的主要特征

青年正处于从原生家庭走向社会的过渡时期，其生活方式的特点在社会交往生活领域里也表现得较为突出。一方面，处于过渡时期的青年比其他社会成员有更多的交往活动；另一方面，青年的交往活动方式灵活多样，具有偶发性、冲动性和团体性，具体来看，有以下几个主要特征。

（一）情感性和迫切性

青年的社会交往愿望一般都比较迫切，并带有浓厚的感情色彩。青年在交往中突出情感，讲究志同道合，而且青年正处于对未来生活充满幻想和憧憬的时候，感情丰富并易外露。他们容易与人接近，发生交往，获得人与人的感情交流。

（二）交往对象的复杂性

青年社会交往关系丰富，交往对象较多。青年时期是从原生家庭走向社

① 吴广宇. 当代青年的消费方式初探 [J]. 广东青年干部学院学报，2007（3）：34-37.
② 殷瑞. 西方消费主义对当代青年消费观的影响研究 [D]. 金华：浙江师范大学，2014.

会、从学校走向工作单位的时期，在这一时期，除原有的伙伴关系、同学关系、师生关系以外，还要建立同事关系、上下级关系、师徒关系、朋友关系等一系列新的社会交往关系。昔日的交往关系由于感情尚未被时间冲淡依然存在，新的交往关系又大量建立，这样，丰富的社会交往关系为青年提供了较多的交往对象。相比较而言，成年人由于已建立家庭，旧的交往关系因为时间的流逝而疏离，日常交往关系趋于稳定而不必建立更多的新的交往关系，交往对象要少一些，交往活动自然也少一些。

（三）同辈群体的主导地位

同辈群体又称同龄群体，是由一些年龄、兴趣、爱好、态度、价值观、社会地位等方面较为接近的人，经常在一起互动组成的一种非正式的初级群体①。青年的同辈群体主要有自发结成、凝聚力强、关系平等但一般都有核心人物、有着自己的价值标准和行为方式等特点。同辈群体在青年中普遍存在，彼此间关系密切，有着很大的影响力，甚至超过父母和教师，在青年的社会交往活动中占据主导地位。

（四）青年交往的社会资本性

青年由于大多尚未建立自己的家庭，家务负担轻，有较多的时间用于交往。同时，青年正处于由原生家庭走向社会并建立自己家庭的社会化过程中，为了走出由单一血缘关系为纽带的家庭，适应多维网络关系的社会，青年迫切需要建立更多的交往关系，从事较多的交往活动，从而得到更多的社会指点和帮助，积累社会交往资本，帮助完成其社会化过程。

（五）青年交往的偶发性与创新性

由于青年的情感外露，交往活动和活动方式往往出于情感的冲动，而缺少成年人交往的理智感。"邂逅相遇"的交往活动方式在青年中存在较多。青年的交往活动方式往往具有偶发性和冲动性。

同时，青年的交往注重人格自立，交际对象趋于开放。绝大多数青年在自我意识和社会关系相互协调的基础上，开始树立自我的个性，强调自己的主张，以独立的人格和态度为人处事，积极自主地参与人际交往活动。他们

---

① 范伟强，余冲，肖欣. 同辈群体对大学生学习心理的影响——以南昌高校为例 [J]. 经济研究导刊，2015（11）：76–78.

较少受以往社会经验和传统思想的束缚，不仅思想开放活跃，而且力图突破现有的交往圈，不断以新的眼光和标准去扩大交往范围，寻求更多更好的伙伴，具有较为鲜明的创新性。

六、青年家庭生活方式的主要特征

（一）以婚姻为主要内容的家庭生活方式的适应期和初步形成期

择偶、婚姻生活及其活动方式成为青年家庭生活方式的重要组成部分。青年处于离开原生家庭、建立自己家庭的过渡时期，青年走向成年的重要标志就是建立自己的家庭，独立生活。立业和成家成为青年人生中最重要的两件事情，而择偶、婚姻必然成为青年所面临的最为迫切的生活问题之一。

（二）离开原生家庭到组建自己家庭的角色变迁

处于从原生家庭走向社会并建立自己家庭的过渡时期的青年，一方面与原生家庭有较多的联系，要依赖于原生家庭，原生家庭仍然是自己的日常生活空间。未婚的在校青年、职业青年一般仍居住在家庭里，一些已婚青年的新的家庭也仍然建立在原生家庭里，形成"家中有家"的多重家庭生活结构。另一方面，青年在走向社会的过程中又建立起新的日常生活空间以及自己的家庭，如居住在学校的学生青年，居住在单位住宅的职业青年，另立门户的已婚青年，由此便形成多重性的日常生活空间。

（三）在家庭与社会之中徘徊挣扎

在从家庭走向社会的过程中，青年的家庭生活方式往往处于冲突状态中。青年从家庭走向社会意味着从对长辈的依赖走向自立，而依赖性和自立性的共存往往构成青年生活方式的冲突性。他们一方面迫切要求自立，另一方面又不得不依赖家长，甚至留恋父母的保护。而家庭是由两代人构成的，长辈较多受传统和现实生活观念支配，子女的生活观念更具时代性和未来性特征。因此，青年在从家庭走向社会的过程中，在追求、选择和形成自己的生活方式时，往往与家长固有的生活模式发生冲突，生活方式上的"代际差"最明显最集中地表现于家庭生活领域。

第三节 青年生活方式的历史变迁

青年生活方式是一个历史范畴，它来源于社会提供的既有成果，又与经济社会存在内在的关系。马克思说，"物质生活的生产方式制约着整个社会生活、政治生活和精神生活的过程"①。青年生活方式与现代文明的发展之间存在着互动，它会随着社会的发展尤其是物质生产方式的变化而变化，并且由于青年自身的特性，青年生活方式更能体现出时代性。

纵观青年生活方式的变迁进程，可以总结出以下三个带有规律性的发展轨迹。

一、从发生发展角度的三阶段进化过程

青年生活方式从发生发展的角度来看，是"自发独立—积极变革—反哺社会"三阶段进化过程。

在传统社会中，青年处于以上辈人为楷模的前喻文化状态，没有形成自己独立的生活方式。20 世纪 80 年代以前我国青年也处于依附地位，青年生活方式与中老年人生活方式的代际差异不十分明显，即使有少数青年试图打破生活的僵化格局，穿着上追求新颖美观，也常因被指责为"奇装异服""不务正业"望而却步了。20 世纪 80 年代以来，伴随着文化的开放和市场供给的可能，青年求美求新的生活欲望终于打开阀门一发而不可收了，在衣食住行各方面的变革中，他们自发选择了体现青春气息、时代精神又有别于其他年龄群体的消费模式。这时我们看到，我国 20 多岁青年的生活态度和 30 岁左右的青年相比已有了日益明显的差异，和中老年相比，差别性更加显著。可以说我国具有现代意义的青年生活方式是在 20 世纪 80 年代后真正独立出现的。

1984 年底，全国范围的"青年与现代生活方式"大讨论，表明青年已意识到生活方式问题绝不只是衣食住行等生活习惯问题，而是具有关系到破除长期束缚人的旧思想观念、促进社会整体发展的意义。越来越多的青年自觉地站出来，大胆揭露抨击现实生活中阻碍变革的陈规陋习和落后意识，对如

---

① 中共中央马克思恩格斯列宁斯大要著作编译局. 马克思恩格斯选集：第 2 卷 [M]. 北京：人民出版社，1995：82.

何创造文明、健康、科学的生活方式充分发表见解，至此，我国青年生活方式的变革走上更加自觉且合乎理性的道路，并开始得到社会的认同。

以生活方式为表层象征的人类文化，总是在不断融合吸收各种新文化、亚文化中发展变迁的。当青年生活方式独立于社会并为全体社会成员所接受认可后，它所特有的青春魅力马上便对其他年龄群体产生影响并为之接纳、传染，社会出现了"返青"现象，例如当时街头处处可见的老年人穿滑雪衫、跳迪斯科等，敏感的学者便察觉出我国青年的生活方式不仅是在独立而自觉地发展着，并且产生了积极的"社会反哺"意义。

二、从内容变革角度的三阶段变革过程

青年生活方式从内容变革的角度来看，是"表层变革—深层变革—整体形态变革"的三阶段过程。

"吃要营养、住要宽敞、衣要时装、用要高档"，集中体现了我国青年生活方式的变革是从物质消费水平、消费结构等表层生活元素开始的，事实上生活表层的变化即物质基础变化的过程是和马克思主义的唯物史观相吻合的——"历来为繁茂芜杂的意识形态所掩盖着的一个简单事实：人们首先必须吃、喝、住、穿，然后才能从事政治、科学、艺术、宗教等等"。

如果说青年生活方式变革初期是以生存和物质享受的进一步满足为主要目标的话，那么经过1984—1985年生活方式"讨论热""指导热"之后，现代生活追求的确掀起了我国青年的心底波澜，触发了深层的变革。一方面，这表现在我国青年开始注重个性发展和精神享受的满足，他们中出现了"自学热""跳舞热""书法热""社团热"，以及延续至今的"弗洛伊德热""尼采热""韦伯热"，这些此起彼伏的热潮将我国青年的精神生活引向并接近了现代世界青年文化的主导潮流；另一方面，与精神生活扩展共生的是我国青年的生活观念、价值取向与传统相诀别，各种现代化的适应社会主义市场经济发展的进步观念在我国青年中萌发并得以全面展示，其中最主要的便是主体意识在青年中的萌芽。

时至今日，我们日益明显地感到，我国青年生活方式的进步正在进入一个新的更高层次上的转型期，即由表及里乃至整体的变革，或视为是从生活元素系统、生活类型系统到生活目标系统的全面变革阶段。在这场大变革中，不仅青年生活方式的方方面面在变，而且与青年生活相关联但仅用生活方式又难以囊括的一切事物都在变，并引起了人们的注意，如生存环境、生活水

平、生活满足度、生活质量、生活变革机制等，这一系列因素综合作用的结果不仅是创造出一种全新的生活方式，而且将催化出一种全新的现代人形态。这意味着在当今时代，我国青年生活方式变革已进入了一个超出它自身原有意义的更高阶段。

三、从动力机制变迁角度的动力交织作用

青年生活方式从动力机制的角度来看，是局部扩散和要素牵引机制交织作用的结果。

第一，局部扩散机制。这主要指社会某一局部的生活方式变化后不断扩散，从而导致青年生活形态的整体变迁，具体扩散形式有以下多种：地域扩散，即外来文化对我国青年的渗透作用、东南沿海发达地区青年的先进性对内地和不发达地区青年生活的示范性影响等；阶层扩散，如青年学生、知识分子阶层的生活方式对青年工人、农民等阶层的互动作用；群体扩散，即在较微观的层次中，青年群体之间或受其他年龄群体以至各类参考群体成员生活变革的影响后由认同到仿效等现象。

第二，要素牵引机制。即在人类生活形态的大系统中因某一子系统或要素发生变化，并作为牵引力带动其他要素发生相应变化，从而使各系统要素达到新的协调，最终促成青年生活方式的整体变迁。具体牵引形式也是多种多样的，如生活条件改善后的牵引，生活习惯、观念变革的牵引以及生活行为变革后的牵引等。

第四节 低碳是青年生活方式的一个重要时代主题

青年生活方式是一定生活时间与生活空间的产物，在中国改革开放的背景下，通过对中国青年生活方式进行纵向的历史考察，结合时代因素，我们界定出低碳生活是当代中国青年生活方式的一个重要的时代主题，是富有现实性和战略性的判断和选择，是合目的性和合规律性相统一的可持续的生活方式。

一、青年生活方式的时代背景

随着社会的发展，人们的思想观念发生根本性的突破。在此背景下，中国青年生活方式的形成背景拓展为三个层次，即社会特定时期的现实状况、社会采取的相应生产方式，以及青年群体的价值判断和选择。

（一）世界及中国所面临的环境危机

伴随着人类无止境的开发地球能源，矿物、土地、淡水、森林、野生动植物等自然资源在全世界人口不断增长的情况下逐渐显现出相对紧缺的趋势，人类所面临的资源枯竭危机问题不断加深。全球气候变暖速度在近百年来极剧加速，这导致全球海平面不断上升，动植物数量不断减少，生态环境不断恶化。据 IPCC 综合评估报告表明，90%以上的人类生活活动都是可能造成自然资源枯竭的主要因素。在全球气候变暖这个大背景下，人类还面临以下的危害，如臭氧层破坏、生物多样性减少、酸雨蔓延、森林锐减、土地荒漠化、资源短缺、水环境严重污染、大气污染肆虐和固体废弃物成灾等。

科技不断进步，人类的危机意识不断提高。进入 21 世纪以来，人类已经有了前所未有的生存危机意识。人类只有一个地球，其生态系统是不可能再造的。在人类生存出现危机的时代背景下，各国政府与人民应该采取的应对措施有两方面：一是适应；二是减排。我们已经认识到气候变暖所导致的生存危机，因此传统的生活模式再也不能满足未来人类可持续发展的要求，未来必须转变生活发展方式。应对气候变化、适应低碳生活方式，已经成为政府部门和民众所共同关注的重要问题。

中国作为世界第一的人口大国，每个公民在生活上的碳排放量看似微小，但以众多人口数量来计算，每个人的碳排放量加在一起的总和就是一个巨大的碳排放基数。当前，中国已是第一大温室气体排放国。在现今中国城市社会发展的条件下，节约能源、减少碳排放已经成为中国举国关注的重大问题。中国作为发展中国家，生产力水平仍然偏低，在追求经济发展中的碳排放尤其是人类建设、生产及社会性活动中对物质资源的不断消耗是造成气候变化的直接原因。再加上随着经济发展，人们对奢侈品的需求日益加大、对一次性生活用品的利用越来越广泛等一系列生活方式也导致了碳排放量加大。因此，发展节能减排式的生活方式对全球气候与环境影响意义重大。

（二）低碳经济的倡导盛行

当前，中国面临经济的结构转型，即从生产型经济转向消费型经济，从以生产推动为牵引转向以消费拉动为基础。从能源视角看，这种经济发展方式包括呈递进式的两个目标：首先，少用碳排放量高的能源；其次，主要使用碳排放量低的能源。

中国青年生活方式的状况与中国的经济发展水平和社会开放程度是密切相关的。自1978年中国实行改革开放政策以来，经济发展和社会进步推动了青年的观念更新，为青年生活方式的变更做出了观念上的准备；社会开放程度和对青年宽容度的增大，为创新的青年生活方式提供了良好的外部环境；经济的发展提高了人们的物质生活水平，为更高质量的生活方式提供了物质上的保障。这些因素从不同角度影响并最终决定了当代中国青年的生活方式。把握青年生活方式变革的影响因素及当前青年生活方式变革的主流，就可以进一步预测当代中国青年生活方式的发展趋势。

2009年10月发布的《中国人类发展报告：迈向低碳经济和社会的可持续未来》认为，"理想的低碳经济是一种可以最大限度提高碳生产力，增强适应气候变化能力，尽可能地减缓气候变化带来的负面影响，提高人类发展水平，同时兼顾代际公平和代内公平，从而使社会经济沿着可持续发展的路径前进的一种经济形态。发展低碳经济的最终目标是提高人类发展水平和促进可持续发展。"低碳经济在生活方式中的直接要求就是推进低碳生活方式，这是指减少二氧化碳排放的生活方式，它的三大基本特征是低能量、低消耗和低开支。

（三）青年生活方式的世界化和民族化

当代中国生活方式蕴含着丰富的文化因素，现代社会中充满着多元互动，不断经历着多种不同生活观念的碰撞。奈斯比特在他的《2000年世界发展十大趋势》中曾这样描述生活方式的世界化发展趋势："今天，随着世界经济的繁荣和全球电信、旅游事业的发展，欧洲、北美和环太平洋地区正以空前的频率进行着交流。在发展中国家的中心城市，青年的文化主题随处可见。在大阪、马德里和西雅图，人们兴致勃勃地买卖着食品、音乐磁带和时装，一种新的全球生活方式在此盛行。""贸易、旅游和电视，为这种生活方式的全球化提供了条件，而且这种世界化、全球化的新生活方式正以光的速度在整个世界普及着，并辐射到世界的每一个角落"①。奈斯比特的这种预测以贸易、交通、通信、大众传媒的全球化为依据，这种趋势在我们生活的 21 世纪已现端倪并将得到更大的发展。

青年人吃着不同的食品，穿着不同的服装，在世界各地欣赏着同一场体育比赛，吸取着"无国界"的相同信息，玩着相同场景、相同规则的游戏，不同肤色的青年在世界各地游来荡去，尽享生活的愉悦。今天，青年生活的世界正变成"世界社会"，各国青年在交往中互相影响，每个民族生活方式中的精华部分都会被世界各国所吸收，成为一种"世界化"的生活方式。在世界各国出售的相同产品和交换的信息，又培养着青年们相同的兴趣、爱好、行为方式特征，青年生活方式的世界化发展趋势，并不意味着人类生活方式将"同一化"，事实上青年生活方式的世界化和民族化的趋势将并行不悖。

二、青年低碳生活方式的核心理念

不同社会阶段、不同历史时期、不同阶层和不同职业的人，有着不同的对生活的思想意识，这又会反作用于社会。青年生活方式中对低碳的理念、行为和期待是培养全社会低碳生活的意识和行为的突破口与切入点，当代人应该兼顾节约能源与保护环境两个方面，做到这点需要确立以下的核心理念。

（一）环保的生活理念

人类发展中面临着生态伦理的问题，即如何认识和处理人与自然的关系。《中国共产党党章》提出了建设"生态文明"的现代化建设目标，这要求人们做到尊重自然、顺应自然和保护自然。

21 世纪，在人类社会所面临的一系列重要问题中，最为严峻的首推环保问题。由于人类肆意地对大自然进行开发和破坏，加之在科技进步速度加快的条件下社会保护性措施未能得到相应的发展，还有在市场机制作用下形成的浪费式的生活方式所导致的深刻生态危机，都给人类文明和人类生存带来毁灭性打击，这种对环境的毁灭性破坏给全人类尤其是青年敲响了警钟。引起了青年的高度重视和反思，他们在重新审视自己生活价值观中要追寻的目

---

① ［美］奈斯比特 . 2000 年世界发展大趋势 ［M］. 北京：中国经济出版社，1991：118-121.

标。面对"人类的生存困境"和人与大自然关系的失衡，摆在青年一代面前的是，要么与自然同归于尽，要么调整和转变生活理念，唤起青年自身的理性态度。

21世纪，人类的生产方式将逐步改变"多多益善"的思维，即改变以追求高消费和高浪费为荣耀的生活态度，确立生态标准优先的原则。节俭的、生态型的生活方式在青年之中得到提倡。近年来，许多青年人更加讲究科学性和注重消费质量，尽力消除个人生活中对环境有害的生活方式，美化环境、消除污染、杜绝破坏生态资源等活动在青年和青年组织中广泛开展。另外，21世纪的国际社会也将更多地制定出一些人类大家庭成员在生活方式领域必须遵循的公约、规范和道德要求。科学技术的发展为人们保护环境提供了技术上的支持，太阳能、风能、地热能、电能、气能等再生生活能源更是被广泛应用。青年总是与新的生活理念共生的，这种环保理念必然成为青年所推崇和接受的观念。

（二）对物质生活与精神生活平衡的追求

人类社会生产力的发展客观上要求青年做出极大努力，以寻求一种在本质上使物质生活和精神生活更为和谐、更加平衡的生活方式，这也正体现出当代青年追寻"文明、健康、科学、和谐、优雅"的生活方式的目标。这种"平衡"的生活方式来源于青年自身对过去那种过分追求物质生活的反思，而不完全是简单观念变化的结果。

新的世纪，人的素质尤其是青年一代的素质是创造经济奇迹的重要因素，而人的素质提高在很大程度上取决于对闲暇时间的开发和对精神生活的追求。托夫勒在《第三次浪潮》中指出，"在人们的物质生活条件得到大大提高以后，人们对精神需求提出了客观要求，这促使人们把为交换而生产和为使用而生产在经济中安排得不偏不倚，较为平衡，人们开始听到日益强烈的呼声，要求有一个'平衡的'生活方式"①。

低碳生活是指生活作息时所耗用的能量要尽可能地减少，主要是通过减少煤、石油、天然气等石化燃料，以及木材等含碳燃料的耗用，以达到降低碳，特别是二氧化碳的排放量，减少对大气的污染，实现遏制气候变暖和环境恶化的目的。具体地说，低碳生活就是在不过分降低生活质量的前提下，

---

① ［美］阿尔温·托夫勒. 第三次浪潮［M］. 朱志焱，潘琪，张焱，译. 北京：三联书店，1983：452.

利用生活小窍门、高科技以及清洁能源，减少能耗与污染，以低能耗、低污染、低排放为特征的生活方式。从不平衡的低层次的小康生活方式发展到全面小康的生活方式，从传统生活方式向现代生活方式转变，这种生活方式是综合的，是面向未来的、强调生态和谐的低碳生活方式。这是一种健康的生活方式，是面向后现代社会中以人为本、尊重个性的发展，并是一种经济社会可持续发展的重要增长点，也是简约的生活方式。倡导低碳经济、践行低碳生活方式是我们的共同责任和使命，更是中国青年生活方式的一个重要的时代主题。

三、青年低碳生活方式的推进

低碳是指自觉地节约身边各种资源的习惯，它首先是一种态度，而不仅仅是一种能力。当代中国青年的生活方式具有个性化和自主性的特征，更具有多变性和新颖性的特色，青年为低碳生活方式的首倡者、实践者和受益者，国家低碳生活政策应首先针对青年群体。

低碳生活方式的推进需要实现生态平衡。生态平衡是指在一定时间内，生态系统中的生物和环境之间、各种生物种群之间，通过能量流动、物质循环和信息传递，使它们相互之间达到高度适应、协调统一的状态。当前的低碳绿色消费是实现它的保障，这包括两个方面：三 E（economical，ecological，equitable）和三 R（reduce，reuse，recycle）。

从个人开始节能减排势在必行，低碳发展成为社会发展的必然趋势。我们不仅要倡导低碳发展，更应该主动践行低碳生活。人类只有一个地球，选择低碳的生活方式是我们共同的责任和使命。低碳生活，人人有责。低碳生活作为一种新的生活模式和态度，表达了现代人对环境变化的关注，低碳已经成为全民的实际行动，发展低碳生活方式、构建低碳城市不仅是政府、专家的事，每一个公民都有积极树立低碳生活理念的责任，尤其是青年群体，作为接受过系统、良好教育的一代，他们对于新兴事物具有较强的接受和理解能力，从传承角度看，青年群体的生活方式也将极大地影响下一代的生活方式和习惯。

进入 21 世纪，人类社会面临一系列重要问题。人类健康受到各种疾病的威胁，青年在成长过程中时刻会因为健康因素而受到阻碍，一些恶性疾病在青年身上成为多发病。在许多调查中都显示出一个趋势：青年所追寻的生活目标中，健康摆在了重要位置。寻求与现代物质文明和精神文明成果相适应、体现高尚的道德情操和审美情操，健康向上、科学合理、和谐优雅的生活内容将是当代青年生活方式的发展方向。

第三章　青年低碳生活：价值观念

第一节　青年低碳发展价值观

2011 年，十一届人大四次会议通过《中华人民共和国国民经济和社会发展第十二个五年规划纲要》，第一次把"低碳"和"低碳发展"写入了五年规划，低碳发展被确立为指引中国未来经济社会发展的国家战略。低碳发展，是指在社会生产、消费及其他领域的活动中，实现低能耗、低物耗、低排放、低污染、高效能、高效益，以达到人与自然和谐、经济社会协调的可持续发展。即在生产、流通、消费以及人类活动的其他领域，都实行节约能源资源、减少排放和污染的"低碳模式"，构建低碳社会[①]。而青年是引领时代潮流的生力军，也是构建低碳社会的主力军。树立低碳发展理念，倡导低碳发展模式，是青年义不容辞的社会责任。

一、青年对低碳发展必然性认知

走低碳发展之路是人类社会的必然选择。其一，根据增长极限论，快速的工业化过程耗费了大量的资源，最终导致能源危机频发，人类依靠高能耗的发展模式终将受到限制，中国经济发展已经遇到了能源资源限制的瓶颈。其二，单纯追求经济增长导致生态环境急剧恶化，水、大气、土壤、海洋污染日益严重，危害人体健康的食品安全等问题时常发生，低碳发展是缓解环境污染问题的必由之路。其三，中国在 2009 年哥本哈根气候变化会议上向世界庄严承诺"到 2020 年单位国内生产总值二氧化碳排放比 2005 年下降 40%至 45%"。作为负责任的大国，中国担负着一定的国际责任，低碳发展之路是

---

① 易培强. 低碳发展与消费模式转变 ［J］. 武陵学刊，2011（1）：28-33.

世界各国应对气候变化的需要；其四，以新能源产业为主的第四次技术革命，通过新技术、新能源的研发和推广，将使人类摆脱对传统能源资源的过度依赖，从而使低碳经济成为人类社会未来发展的主流。

当代中国青年对人类低碳发展的必然性有着怎样的认识呢？本次调查询问了3个问题来了解青年对世界低碳发展的认识（参见表3-1）。对于"人类应该在遵从自然规律的基础上从事各种活动"的说法，持同意（非常同意和比较同意）态度的人占了绝大多数，接近95%；对于"气候变暖是全人类面临的共同挑战"这一说法，回答同意的占了95.48%；而针对"保护环境的收益会远远大于所投入的费用"，同意这一说法的比例相对低一些，但也达到了82.76%。由此可以看出，绝大多数的青年人对人类低碳发展的必然性有着积极正面的认识。

表3-1 青年对实行低碳发展模式的必然性认知（%）

低碳发展方式的相关陈述	非常同意	比较同意	不大同意	很不同意	说不清
人类应该在遵从自然规律的基础上从事各种活动	65.35	29.42	3.51	0.68	1.04
气候变暖是全人类面临的共同挑战	65.81	29.67	3.09	0.60	0.82
保护环境的收益会远远大于所投入的费用	46.54	36.22	10.82	3.12	3.30
我们今天保护好环境，子孙后代就会从中受益	66.50	27.80	3.91	0.79	1.00
环境问题是我国当前最为严峻的问题之一	68.79	27.84	2.17	0.50	0.71
我国的经济发展是以牺牲环境为代价的	40.05	36.97	14.24	6.19	2.54

对于我国走低碳发展道路的认识，本次调查同样询问了3个相关问题，请被调查者回答是否同意。调查发现，针对"我们今天保护好环境，子孙后代就会从中受益"和"环境问题是我国当前最为严峻的问题之一"这两种说法，持同意态度的占了样本的绝大多数，且比例大致相当，在95%左右。对于"我国的经济发展是以牺牲环境为代价的"这一说法，同意的比例没有达到上述水平，但也达到了77.02%。以上数据表明，当前青年对我国低碳发展的必然性也是持肯定、积极态度的。

二、青年对低碳发展的价值认知

图3-1是关于青年对"推行低碳发展方式对我国经济社会发展的重要性"

认识。从该图可以看出，分别有 69.7% 和 23.7% 的青年认为推行低碳发展方式对于我国经济社会的发展"很重要"和"比较重要"，即有高达 93.4% 的青年认为，推行低碳发展方式对我国经济社会的发展具有重要作用。由此可以看出，当代青年关于低碳发展方式的推行对于我国经济社会发展的重要性认识是积极和正向的，青年意识到了低碳发展方式在促进我国经济社会发展方面的重要功能。

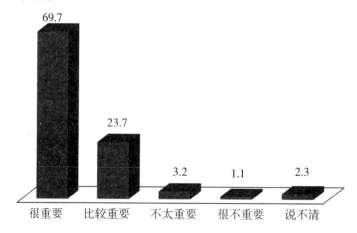

图 3-1 青年对"推行低碳发展方式对我国经济社会发展的重要性"认识（%）

我们进一步分析了低碳发展的重要性认知与被调查者的自然与社会特征之间的关系。从交互分析结果可以看出，青少年的自然与社会特征不同，其对低碳发展重要性的认知状况也不尽相同，卡方检验表明这些差异十分显著（参见表 3-2）。与青年男性相比，青年女性认为低碳发展"很重要"的比例更高；与民主党派成员、普通群众青年相比，青年中共党员组、共青团员组认为低碳发展"很重要"的比例更高一些，尤其是青年中共党员组的比例高达 75.78%，共青团员组也达 70.59%，组间差异程度达到了统计上的显著性。在文化程度上，可以看出随着文化程度的提高，青年认为低碳发展"很重要"的比例大致呈上升趋势，其中初中及以下组认为低碳发展"很重要"的比例刚过半数，而本科/双学士组的比例高达 75.28%，组间差异十分显著。从年龄组上看，与 17 岁以上年龄组相比，14—17 周岁年龄组认为低碳发展"很重要"的比例最高，达 79.18%；比其他三个组的相应比例高出 10 个百分点，卡方检验发现这种组间差异是显著的。

表 3-2 青年对"推行低碳发展方式对我国经济社会发展重要性"认识的分类比较

不同属性	重要性（%）					x^2	P
	很重要	比较重要	不太重要	很不重要	说不清		
男	65.74	25.19	4.19	1.55	3.33	3.00	0.00
女	73.43	22.19	2.28	0.59	1.50		
中共党员	75.78	19.22	3.00	0.78	1.22	18.84	0.00
民主党派成员	34.29	31.43	22.86	5.71	5.71		
共青团员	70.59	23.67	2.83	0.99	1.91		
群众	58.42	31.39	3.33	1.46	5.41		
初中及以下	51.97	29.13	4.72	2.36	11.81	06.11	0.00
高中/中专/职高	67.29	26.17	2.99	1.68	1.87		
大专/高职	63.34	28.74	4.11	0.73	3.08		
本科/双学士	75.28	20.13	2.37	0.81	1.41		
硕士及以上	72.55	19.61	5.88	0.65	1.31		
14—17 周岁	79.18	19.24	0.63	0.95	0.00	6.22	0.00
18—24 周岁	68.33	23.50	3.52	1.25	3.41		
25—29 周岁	68.17	26.10	3.41	0.90	1.41		
30—35 周岁	69.82	22.63	3.21	0.96	3.37		

第二节 青年的低碳生活价值观

低碳生活价值观是一种以尊重自然为前提，以低碳生活方式为内涵，以可持续发展为着眼点，以人与自然的和谐共生为价值目标的新型价值观念。它要求人类在调整人与自身的关系时坚持物质享受与精神享受的统一，在协调人与社会的关系时坚持个人利益与社会利益的统一，在处理人与自然的关系时坚持适度消费①。

---

① 冯霞，李桂梅. 低碳生活价值观初探 [J]. 求索，2013（7）：83.

一、青年低碳生活态度

态度是一种较为稳定的行为倾向，低碳生活态度是青年人所具有的一种与低碳生活方式有关的动机情绪、知觉和认识过程所组成的持久结构，它在青年人的低碳生活信念、情感和倾向性行为中表现出来。要想弄清楚当代青少年低碳生活的态度，就必须对之进行测量，在众多测量技术中，自我评定法是最精练、最常用的一种方法，一般采用量表的形式进行。

本次调查设计出了测量青年低碳生活态度的专门性量表，该量表由一组关于低碳生活的陈述组成，每一项陈述都反映了对低碳生活的看法或倾向。调查要求被调查者对这些陈述在"非常同意、比较同意、不大同意、很不同意、说不清"五个答案中做出选择，这样的答案类别就能使青年在低碳生活态度上的差别更加清楚地反映出来。表3-3就是调查的统计结果。

表3-3　青年低碳生活态度状况统计（%）

	非常同意	比较同意	不大同意	很不同意	说不清
低碳与我们的生活息息相关	71.43	23.98	3.19	0.54	0.86
低碳生活是人类存在发展的基础	51.47	35.15	9.36	1.99	2.03
低碳生活是低品质的生活	20.06	13.46	19.99	42.87	3.63
低碳生活是一种时尚的生活方式	37.61	35.39	17.46	4.41	5.14
低碳生活尽管会带来不便，但带来的益处更多	42.90	40.88	10.33	2.85	3.03
青年应该率先践行低碳生活方式	59.02	31.94	5.55	1.84	1.66

可以看到，对于"低碳与我们的生活息息相关"这一说法，表示"非常同意"的比例为71.43%，表示"比较同意"的比例是23.98%，二者加总持赞同态度的比例高达95.41%；针对"低碳生活是人类存在发展的基础"这一陈述，51.47%的青年表示"非常同意"，35.15%的青年表示"比较同意"，二者加总持赞同态度的比例达86.62%。可见，当代青年人已经认识到了低碳生活对人类生存发展的基础性作用。

关于低碳生活的定位有两种说法，一种是说"低碳生活是一种低品质的生活"，另外一种说法是"低碳生活是一种时尚的生活方式"。对于前者，表示不赞同（"不大同意"和"很不同意"）的达六成以上；对于后者，表示赞同（"非常同意"和"比较同意"）的占了大多数，达到了73.00%。两相比较可以看出，青年对于"低碳生活方式"的定位还是比较积极的、正面的。

对于低碳生活带来的益处，42.90%的青年非常同意"低碳生活尽管会带来不便，但带来的益处更多"的说法，40.88%的青年比较同意这一说法，两者加总也达到了总数的八成以上。而对于"青年应该率先践行低碳生活方式"的说法，表示赞同态度（"非常同意"和"比较同意"）的超过九成。

为了更精确地了解青年对低碳生活的态度，需要计算出青年在每一项陈述上的平均得分。为提高统计结果的宜读性，除了对"低碳生活是低品质的生活"的赋值不变外（"非常同意"记1分，"比较同意"记2分，"不大同意"记3分，"很不同意"记4分），对其他5个陈述都进行了重新赋值，"非常同意"记4分，"比较同意"记3分，"不大同意"记2分，"很不同意"记1分，分值越高，表明被调查者的低碳生活态度越积极、强烈。那么，青年在这6个陈述上的态度是怎样的呢？表3-4显示，除了"低碳生活是低品质的生活"指标，当代青年的低碳生活态度的得分都在3分以上，全部超过的2.5分的中间值，其中，均值最高的两个陈述是"低碳与我们的生活息息相关"和"青年应该率先践行低碳生活方式"，分值分别是3.68分和3.50分。

表3-4　青年低碳生活态度得分统计结果

	均值	标准差	有效样本量
低碳与我们的生活息息相关	3.68	0.56	2766
低碳生活是人类存在发展的基础	3.39	0.74	2701
低碳生活是低品质的生活	2.88	1.18	2657
低碳生活是一种时尚的生活方式	3.12	0.87	2703
低碳生活尽管会带来不便，但带来的益处更多	3.28	0.76	2685
青年应该率先践行低碳生活方式	3.50	0.69	2731

二、青年低碳生活态度分布分析

为进行分组比较，我们首先根据以上量表对青年低碳生活态度进行综合评估。评估的方法就是将回答者在全部陈述上的得分加起来，从而得到该回答者对低碳生活的态度总得分。这个分数是其低碳生活态度的量化结果，它的高低表示出了个人在态度量表上的位置。统计结果发现，所有被调查者的平均得分为 19.94 分，标准差是 2.55 分，其中最大值是 24 分，最小值是 7 分，被调查对象低碳生活态度的得分分布状况如图 3-2 所示。

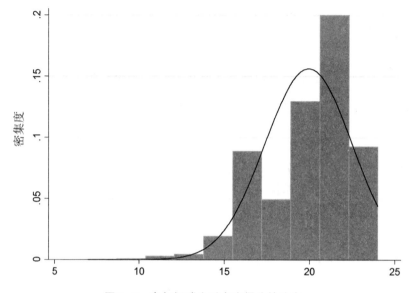

图 3-2　青年低碳生活态度得分的分布

具体来看（详见表 3-5），青年低碳生活态度得分在性别、年龄、政治面貌和文化程度四个因素上的分布均具有统计显著性。女性（20.21）比男性（19.60）的低碳生活态度更积极；从年龄组上看，14—17 周岁组的低碳生活态度得分（20.19）最高，18—24 周岁组的低碳生活态度得分（19.66）最低，组间差异总体上显著。在政治面貌上，青年中共党员组的低碳生活态度得分（20.31）最高，而普通群众的最低（19.68），政治面貌影响显著。在文化程度各个分组上，低碳生活态度也具有显著性差异，本科/双学士组得分最高（20.17），初中及以下则最低（19.37）。

表 3-5 青年低碳生活态度的分类比较

不同属性	均值	标准差	F	P
男性	19.60	2.63	33.54	0.000
女性	20.21	2.45		

续表

不同属性	均值	标准差	*F*	*P*
30—35 周岁	20. 16	2. 77		
25—29 周岁	19. 98	2. 51	5. 14	0.001
18—24 周岁	19. 66	2. 46		
14—17 周岁	20. 19	2. 26		
中共党员	20. 31	2. 40		
民主党派成员	17. 96	3. 26	13. 88	0.000
共青团员	19. 80	2. 50		
群众	19. 68	2. 74		
初中及以下	19. 37	2. 94		
高中/职高	19. 70	2. 59		
大专/高职	19. 73	2. 57	5. 50	0.0002
本科/双学士	20. 17	2. 45		
硕士及以上	19. 87	2. 64		

注：数值越大低碳生活态度越积极和正向

三、青年对低碳生活的积极作用的评价

低碳生活作为一种消费模式，会直接给经济生产带来一定制约和影响，进而关联到人们的经济收入。那么低碳生活到底会给人们的家庭收入产生怎样的效应呢？调查发现（参见图3-3），当前青年对这个问题认识是多元的、复杂的，其中31.42%的人回答是"说不清"，有30.28%的人明确表示没有影响，认为会收入增加的占28.19%，而认为收入减少的只占10.11%。

从交互分析结果可以看出（详见表3-6），在低碳生活对经济收入的影响方面，根据青少年的自然与社会特征不同，其认知状况也不尽相同。与女性相比，青年男性认为低碳生活会促进"收入增加"的比例更高，卡方检验仅在95%的置信水平上显著。政治面貌上，民主党派成员组持这种观点的比例最高，达到了68.57%，普通群众组持该观点的比例则最低，为25.53%，组间差异程度达到了统计上的显著性。在文化程度上，可以看出基本随着文化程度的提高，青年认为低碳生活带来"收入增加"的比例也在升高，其中高中/中专/职高组的比例最低，硕士及以上组的比例最高，组间差异十分显著。

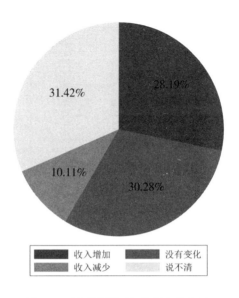

图 3-3 低碳生活对经济收入的影响

从年龄组上看，与 17 岁以上年龄组相比，14—17 周岁年龄组认为低碳生活带来"收入增加"的比例最低，仅 19.37%，比其他三个组的相应比例低 10 个百分点左右，卡方检验发现这种组间差异是显著的。

表 3-6 低碳生活对经济收入的影响与个人自然社会特征的交互分类分析表

不同属性	影响状况（%）				x^2	P
	收入增加	没有变化	收入减少	说不清		
男	29.56	28.77	11.56	30.11	10.80	0.01
女	26.73	31.68	8.78	32.81		
中共党员	29.61	35.08	11.40	23.91	73.01	0.00
民主党派成员	68.57	20.00	5.71	5.71		
共青团员	27.23	28.82	8.79	35.16		
群众	25.53	26.37	11.39	36.71		
初中及以下	28.46	23.58	12.20	35.77	34.46	0.001
高中/中专/职高	26.03	26.78	10.49	36.70		
大专/高职	31.59	28.14	7.63	32.63		
本科/双学士	26.91	33.58	10.34	29.16		
硕士及以上	32.68	28.10	15.03	24.18		

续表

不同属性	影响状况（%）				x^2	P
	收入增加	没有变化	收入减少	说不清		
14—17 周岁	19.37	30.79	8.57	41.27		
18—24 周岁	31.00	25.72	10.68	32.61	34.69	0.00
25—29 周岁	28.32	32.49	9.54	29.64		
30—35 周岁	27.45	33.17	10.78	28.59		

　　实行低碳生活对人们的生活环境质量的影响又是怎样的呢？调查中我们询问了这个问题，以了解当前青年的真实看法。统计显示（参见图3-4），认为会提升生活环境质量的占了多数，比例在样本的六成以上；而认为会降低生活环境质量的仅占样本的3.55%，是极少数的。这说明多数青年能够认同低碳生活、低碳技术在完善人们的生活环境、提高人们生活质量上的积极作用。同时还应看到，有近两成的青年对此持说不清的模糊态度，继续加强对青年的低碳普及教育仍然很有必要。

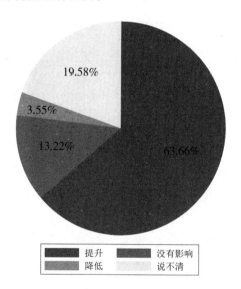

图 3-4　低碳生活对生活环境质量的影响

　　具体来看，青年对低碳生活影响生活环境质量的不同看法与青年所处年龄阶段、政治面貌有一定的关系。从表 3-7 可以看出，与其他年龄组相比，

"质量提升"的看法在18—24周岁年龄组所占比例最高，达67.50%，说不清的回答者比例最低，为17.16%，说明正在接受高中或大学教育的青年对于低碳生活对生活环境质量的影响态度最为积极、最为肯定，在95%置信水平下这种态度上的差异是显著的。通过政治面貌分组比较，我们发现组间差别也是显著的，民主党派成员青年认为"质量提升"的比例最高，达到77.14%，而普通群众只有57.95%的人持此看法，且回答"说不清"的比例占该组的25.10%。性别、文化程度两个因素与"青年对低碳生活影响生活环境质量的看法"没有明显关系。

表3-7　低碳生活对生活环境质量的影响与个人自然社会特征的交互分类分析表

不同属性	对生活环境质量影响状况（%）				x^2	P
	质量提升	没有影响	质量降低	说不清		
男	62.82	13.64	4.52	19.02	6.92	0.07
女	64.01	13.09	2.75	20.16		
中共党员	64.33	15.00	3.78	16.89	22.93	0.006
民主党派成员	77.14	11.43	5.71	5.71		
共青团员	65.00	11.97	3.28	19.74		
群众	57.95	13.39	3.56	25.10		
初中及以下	56.45	10.48	6.45	26.61	17.48	0.13
高中/中专/职高	62.80	13.27	2.99	20.93		
大专/高职	65.28	12.31	3.41	18.99		
本科/双学士	64.07	14.00	3.11	18.81		
硕士及以上	61.69	11.69	7.14	19.48		
14—17周岁	63.09	13.56	1.26	22.08	20.93	0.01
18—24周岁	67.50	11.02	4.32	17.16		
25—29周岁	62.73	13.13	3.84	20.30		
30—35周岁	59.84	15.65	3.23	21.29		

　　那么，低碳生活到底能够给社会带来怎样的好处呢？本次调查直接询问了被调查者对这一问题的评价。统计结果显示（详见表3-8），当代青年对低碳生活给人们带来的益处有着较为客观而全面的认识。低碳生活环保节能（68.4%），且有益健康（68.0%），具有这样评价的占比也最高，近七成，也

有不到六成的青年明确表示低碳生活能够提升人们的生活质量，与上述的调查结果基本一致。低碳生活是一种低能量、低消耗、低开支、低代价的生活方式，节省生活开支也是低碳生活的优势之一。调查显示，有近四成的青年明确认同低碳生活的这一好处。相反，认为低碳生活"没有任何好处"和"时尚"的极少，只有3%左右。

表3-8　青年对低碳生活带来好处的评价

好处的表现	频次	应答百分比（%）	个案百分比（%）
提高生活质量	1632	22.3	58.6
节约开销	1110	15.1	39.9
便捷	392	5.3	14.1
环保节能	1904	26.0	68.4
时尚	93	1.3	3.3
有益健康	1895	25.9	68.0
不太清楚	184	2.5	6.6
没有任何好处	87	1.2	3.1
其他	33	0.5	1.2
合计	7330	100.0	263.2

第三节　青年的低碳社会情感

青年人的低碳情感与其低碳、环保、节约等特有的社会性需求相联系，又可称为低碳情操。它是青少年在社会化过程中逐渐产生并发展起来的，受家庭、社区、媒体等影响的同时，更多地来自学校教育的塑造。本研究中，低碳情感包括青年对政府、企业、他人等环境行为的情绪体验，这些情感感受恰恰与青年对低碳生活、生态文明的追求相一致。低碳情感是青年对政府、企业、他人的环境行为是否符合自己的环境道德准则而产生的情感体验，具有更深层、更坚定的特点。

一、青年低碳情感的实际状况

本次调查设计出了包括 7 个陈述的低碳情感测量量表，前 4 个陈述为反向情感体验，后 3 个陈述则为正向情感体验。为避免趋中反应，采用李克特量表的偶数选项的答案形式，四个答案分别为"完全符合""比较符合""不大符合"和"很不符合"。满足调查的客观性要求，每一项陈述还增加了"说不清"选项。表 3-9 显示，在 4 个反向陈述中，回答符合（"完全符合"和"比较符合"）的比例都在样本规模的八成以上，针对"当很多企业因违规操作而污染环境时，我就感到气愤"的表述，回答符合自己实际状况的比例最高，超过了样本规模的九成，说明当代青年对企业环境污染行为有着最为强烈的情感体验；对于"当看到一些人奢侈浪费时，我会生气"，认同的也达到八成。在 3 个正向陈述里，认为符合自己实际的比例也都在八成以上，其中，针对"我称赞和尊敬生产低碳产品和推行低碳消费的企业"，青年的情感体验最为强烈，约占样本的九成。

表 3-9　青年低碳情感的主要表现（%）

相关陈述	实际状况的符合程度				
	完全符合	比较符合	不大符合	很不符合	说不清
一想到政府没采取有力措施治理污染，我就感到不满	44.0	40.8	10.2	2.3	2.6
一想到环境污染对动植物带来伤害，我就感到心痛	45.8	44.1	7.8	0.8	1.5
当很多企业因违规操作而污染环境时，我就感到气愤	56.1	35.0	6.7	0.9	1.4
当看到一些人奢侈浪费时，我会生气	38.7	42.4	13.1	2.9	3.0
当看到有人过低碳生活，我就感到高兴	41.4	40.9	11.4	1.8	4.5
政府在低碳方面的政策越来越完善，我感到满意	41.4	40.3	11.3	3.7	3.2
我称赞和尊敬生产低碳产品和推行低碳消费的企业	49.6	39.1	7，0	1.2	3.1

为了更精确地了解青年低碳情感的水平，需要计算出青年在每一项陈述上的平均得分。为提高统计结果的宜读性，我们对 7 个陈述进行了重新赋值，完全符合记 4 分，比较符合记 3 分，不大符合记 2 分，很不符合记 1 分，分值越高，表明被调查者的低碳情感体验越积极、正向。那么，青年在 7 个陈述上的情感体验水平是怎样的呢？表 3-10 显示，当代青年的低碳社会情感的得分都在 3 分以上，全部超过 2.5 分的中间值，其中，均值最高的两个陈述是"当很多企业因违规操作而污染环境时，我就感到气愤"和"我称赞和尊敬生产低碳产品和推行低碳消费的企业"，分值分别是 3.48 分和 3.41 分。"当看到一些人奢侈浪费时，我会生气"得分最低，为 3.20 分。这些结果反映出当代青年低碳社会情感总体呈现一种积极的、正向的发展态势，特别是对当前企业行为的低碳情感体验最为强烈，说明他们非常关切企业在低碳社会建设中的重要作用。

表 3-10　青年低碳情感体验分值统计结果

	均值	标准差	有效样本量
一想到政府没采取有力措施治理污染，我就感到不满	3.30	0.74	2728
一想到环境污染对动植物带来伤害，我就感到心痛	3.37	0.66	2763
当很多企业因违规操作而污染环境时，我就感到气愤	3.48	0.66	2757
当看到一些人奢侈浪费时，我会生气	3.20	0.78	2709
当看到有人过低碳生活，我就感到高兴	3.27	0.74	2664
政府在低碳方面的政策越来越完善，我感到满意	3.23	0.80	2702
我称赞和尊敬生产低碳产品和推行低碳消费的企业	3.41	0.68	2712

二、青年低碳情感的分组比较

为进行分组比较，我们首先要根据以上量表对青年低碳社会情感进行综合评估。评估的方法就是将回答者在全部陈述上的得分加起来，从而得到该回答者对低碳社会情感的体验总得分。这个分数是其情感体验的量化结果，它的高低表示个人在情感量表上的位置。统计结果发现，所有被调查者的平均得分为 23.43 分，标准差是 3.66 分，其中最大值是 28 分，最小值是 7 分，被调查青年低碳社会情感的分数分布状况如图 3-5 所示。

在对被调查者的自然与社会特征的初步分析中（详见表 3-11），我们发

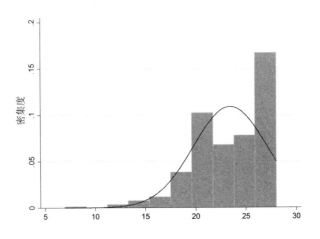

图 3-5　青年低碳社会情感得分的分布

现，除了青年中共党员组的低碳情感（23.74）最高，共青团员组的最低（23.18），政治面貌具有显著性影响外，其他属性的差异均不显著。从性别看，尽管女性（23.46）比男性（23.36）的低碳社会情感更强，但差异不具备显著性。从年龄上看，尽管 30—35 周岁组的低碳情感水平（23.73）最高，18—24 周岁组的低碳情感水平（23.22）最低，但各组之间的差异总体上并不显著。从文化程度看，尽管随着文化程度的提高，低碳情感水平基本表现出逐渐提升的趋势，但总体上差异不显著。

表 3-11　青年对低碳生活社会责任情感的分类比较

不同属性	均值	标准差	F	P
男性	23.36	3.72	0.50	0.48
女性	23.46	3.61		
30—35 周岁	23.73	3.61	2.32	0.073
25—29 周岁	23.38	3.60		
18—24 周岁	23.22	3.79		
14—17 周岁	23.58	3.51		
中共党员	23.74	3.57	4.55	0.003
民主党派成员	22.44	5.10		
共青团员	23.18	3.61		
群众	23.50	3.82		

续表

不同属性	均值	标准差	F	P
初中及以下	23.06	3.75		
高中/职高	23.22	3.85		
大专/高职	23.30	3.68	1.70	0.147
本科/双学士	23.61	3.54		
硕士及以上	23.22	3.54		

注：数值越大低碳社会情感越积极和正向。

三、青年低碳素养自我评估

青年，作为未来发展低碳经济、建设低碳社会的践行者、主力军，其低碳节能素质之塑造具有不言而喻的重要性。青年低碳素养，是指青少年通过接受家庭、学校、社会的生态节能教育，能正确认识生态、能源在社会发展中的重要地位，积极地关心生态及环境问题；具有资源可持续利用的知识与技能，懂得在生产、生活中如何节能减排；能正确理解和把握能源及环境问题跟人类生产生活之间的密切联系，养成了科学处理资源及环境问题的实践态度及行为习惯；尤其是在个人消费生活中能始终坚持低碳原则，处处体现低碳消费的自我判断能力和意志决定能力。

本次调查采用青年自我报告的方式来了解其低碳素养发展状况。根据低碳素养的内涵，我们将其划为四个维度：低碳意识、低碳知识、低碳行为和低碳消费。调查中请被调查者为其自身的低碳状态分布打分，分数区间为0—10分，0分代表"根本不了解"，10分代表"非常了解"，青年根据自己的实际情况填写相应的数值。统计结果（详见表3-12）显示，青年在"低碳意识"方面的平均分最高，为6.24；在"低碳行为"方面，均值为5.75；在"低碳消费"方面，均值为5.54；在"低碳知识"方面，均值为5.48。这表明，当前青年人对其自身在低碳各方面的了解程度已达到了中等水平，但还没有达到非常高的水平，说明他们自身不论在低碳意识、低碳行为，还是在低碳消费、低碳知识方面的素养都有待提高。

表 3-12　青年低碳素养自我评价统计结果

	均值	标准差	有效样本量
低碳意识	6.24	2.44	2821
低碳知识	5.48	2.39	2817
低碳行为	5.75	2.36	2815
低碳消费	5.54	2.50	2813

从青年的低碳意识、低碳知识、低碳行为和低碳消费四个方面入手，我们可以比较清楚地了解到青年群体的低碳素养状况。通过主成分分析，发现这四个指标变量自然聚集在一起，构成了青年低碳素养因子（见表 3-13）。为便于理解，这里将标准化因子值转换为均值 100，标准差为 10 的因子分数（分数越高，表明个体的低碳素养越好），统计表明数值基本上呈正态分布（见图 3-6）。

表 3-13　青年低碳各指标因子载荷

指标	因子载荷
低碳意识	0.86
低碳知识	0.88
低碳行为	0.90
低碳消费	0.87

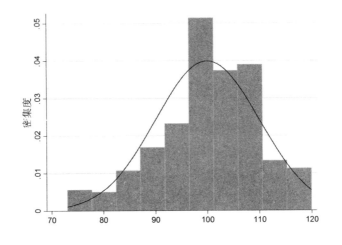

图 3-6　低碳素养因子得分分布

通过对青年低碳素养的单因素方差分析，我们发现除了性别外，年龄、政治面貌和文化程度均对低碳素养有显著的影响（详见表3-14）。

表3-14　低碳素养在青年自然和社会特征上的均值分布

不同属性	均值	标准差	F	P
男性	99.99	10.14	0.00	0.97
女性	99.98	9.89		
30—35 周岁	99.41	10.39	4.06	0.006
25—29 周岁	99.79	10.07		
18—24 周岁	100.03	10.07		
14—17 周岁	101.74	8.44		
中共党员	100.71	9.94	5.57	0.000
民主党派成员	102.07	9.06		
共青团员	100.05	9.93		
群众	98.48	10.23		
初中及以下	97.14	10.45	8.49	0.000
高中/职高	99.90	9.87		
大专/高职	98.63	10.31		
本科/双学士	100.83	9.79		
硕士及以上	101.13	9.61		

注：数值越大低碳素养越高。

从年龄上看，14—17周岁组的低碳素养均值最高（101.74），30—35周岁组的低碳素养均值最低，年龄越大，低碳素养越低，这是一个有意思的发现。在政治面貌上，中共党员和共青团员的低碳素养反映了一般化水平（100.71），民主党派成员较之为高（102.07），普通群众则较之为低（98.48）。在文化程度上，研究结果表明基本随着文化程度的提高，低碳素养水平也呈现出上升趋势，初中及以下组得分最低（97.14），硕士及以上组分数最高（101.13），表明青少年的文化教育是提升其低碳素养的一个重要途径。

第四节　青年的低碳生活效能感

青年人的低碳生活行为会受到各种因素的影响，低碳效能感是其中的主要因素之一，这种效能感的高低会影响到他们的低碳行为选择、努力程度、行为的持久性、情感反应模式和思维模式。青年的低碳效能感是指青年个体相信自己以及公众有能力完成低碳社会建设的任务，是个体的能力、自信心在低碳生活中的具体体现，也是影响青年人奉行低碳生活方式的一个重要的动机性情感因素，它不但会影响到青年低碳社会建设目标的设定、努力的付出程度，还会影响到其低碳行为策略的选择。

一、青年的低碳效能感调查分析

本次调查中设计出了测量青年低碳效能感的专门性量表，该量表由一组青年对自己及公众低碳生活效果的看法或态度的陈述组成，要求回答者对这些陈述在"非常同意、比较同意、不大同意、很不同意、说不清"五个答案中做出选择，这样的答案类别就能使得青年在低碳效能感上的差别更加清楚地反映出来。表3-15就是调查的统计结果。

表3-15　青年对公民个人在低碳生活中效果的态度统计（%）

	非常同意	比较同意	不大同意	很不同意	说不清
个人的低碳行为对环境的好转没有作用	16.0	15.0	37.1	30.2	1.7
个人行为的好坏，对整体环境和自然资源不会有影响	11.7	15.7	35.4	35.8	1.3
即使每个人都能过低碳生活，合起来的效果也不明显	11.0	16.4	35.3	35.5	1.8
只有党和政府带头实行低碳，公众才会自觉地低碳	30.8	40.8	19.3	6.9	2.3
我的低碳生活已经对亲戚朋友产生了积极影响	17.8	40.2	25.1	6.6	10.2
普通民众拥有改变未来的力量	37.7	41.6	12.0	4.3	4.4

首先是量表中关于低碳生活效能感的 3 个反向陈述的调查结果。统计显示，对于"个人的低碳行为对环境的好转没有作用"这一陈述，37.1% 的青年"不大同意"，30.2% 的青年"很不同意"，二者加总达到了样本的 67.3%，说明多数青年对个人低碳行为对环境好转的无效能观点是持不认同态度的。对于"个人行为的好坏，对整体环境和自然资源不会有影响"这一陈述，有 35.4% 的青年"不大同意"，35.8% 的青年"很不同意"，二者加总高达样本总量的七成略强，说明多数青年就个人行为对整体环境和自然资源的无效能观并不认同。而对于"即使每个人都能过低碳生活，合起来的效果也不明显"这一陈述，有 35.3% 的青年回答"不大同意"，35.5% 的青年回答"很不同意"，二者加总同样占到了样本总数的七成以上，反映出多数青年并不认同所有个人低碳生活的整体无效能观点。

其次是量表中关于低碳生活效能感的 3 个正向陈述的调查结果。统计显示，对于"只有党和政府带头实行低碳，公众才会自觉地低碳"这一陈述，30.8% 的青年回答"非常同意"，40.8% 的青年回答"比较同意"，二者加总超过了样本的七成，说明多数青年对政府低碳行为的效能观是持认同态度的。对于"我的低碳生活已经对亲戚朋友产生了积极影响"这一陈述，17.8% 的青年"非常同意"，40.2% 的青年"比较同意"，两者加总占到样本总数的 58.0%，表明多数青年对个人低碳生活对初级群体的效能观持有认同态度。对于"普通民众拥有改变未来的力量"这一陈述，37.7% 的青年"非常同意"，41.6% 的青年"比较同意"，二者加总比例高达 79.3%，说明大多数青年对普通公众行为的效能观是持认同态度的。

总体来讲，当前青年的低碳效能感水平比较高，多数人认同个人的、政府的、普通公众的低碳行为已经和正在对他人及社会的好转产生积极影响。

二、青年低碳效能感的两个构成要素

为了了解青年低碳效能的构成，这里对量表数据进行了因子分析。6 个陈述的答案从非常同意、比较同意、不大同意、非常不同意分别计 1、2、3、4 分，鉴于回答说不清的人数极少，故剔除不用。表 3-16 为采用因子分析法，对青年低碳效能感的 6 个变量进行因子分析旋转后的矩阵表。由此可以看到，经过旋转后，从 6 个显变量中可以抽取出 2 个因子，即分别为"环境效能感"和"社会效能感"。"个人的低碳行为对环境的好转没有作用""个人行为的好坏，对整体环境和自然资源不会有影响"和"即使每个人都能过低碳生活，合起来的效果也不明显"这三个指标旋转后自然聚集为一个因子,由于这几个指标主要反映的是个人低碳行为对环境的作用状况,故命名为"环境效能感",3个显变量的因子负载量分别为0.938、0.939、0.919。"只有党和政府带头实行低碳,公众才会自觉地低碳""我的低碳生活已经对亲戚朋友产生了积极影响"和"普通民众拥有改变未来的力量"这三个陈述主要集聚在第2个因子上,由于它们反映的主要是个人低碳行为对他人及社会的影响效应,故将其命名为"社会效能感",各显变量的因子负载量分别为0.592、0.689、0.845。

表3-16 青年低碳效能感因子分析旋转成分矩阵

	成分	
	环境效能感	社会效能感
个人的低碳行为对环境的好转没有作用	0.938	0.043
个人行为的好坏,对整体环境和自然资源不会有影响	0.939	0.086
即使每个人都能过低碳生活,合起来的效果也不明显	0.919	0.105
只有党和政府带头实行低碳,公众才会自觉地低碳	0.264	0.592
我的低碳生活已经对亲戚朋友产生了积极影响	0.350	0.689
普通民众拥有改变未来的力量	−0.090	0.845

为便于理解,这里将标准化因子值转换为均值100,标准差为10的因子分数,统计表明数值基本上呈正态分布(参见图3-7和图3-8)。

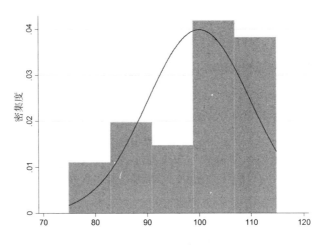

图3-7 低碳环境效能感因子得分分布

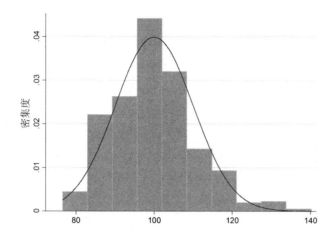

图 3-8 低碳社会效能感因子得分分布

三、青年低碳效能感的分组比较

首先，通过对青年低碳环境效能感的单因素方差分析（参见表 3-17），我们发现，男女两性的低碳环境效能感存在显著差异，女性比男性的环境效能感更强烈，女性的低碳环境效能感的分值为 101.06 分，男性的低碳环境效能感的分值为 98.85 分。

表 3-17 低碳环境效能感的分类比较

不同属性	均值	标准差	F	P
男性	98.85	10.29		
女性	101.06	9.57	29.50	0.000
30—35 周岁	99.88	9.89		
25—29 周岁	100.11	9.46		
18—24 周岁	99.51	10.32	3.20	0.022
14—17 周岁	101.63	10.39		

续表

不同属性	均值	标准差	*F*	*P*
中共党员	100.07	10.17		
民主党派成员	96.60	9.89	2.70	0.044
共青团员	100.34	9.87		
群众	99.07	10.04		
初中及以下	98.54	11.45		
高中/职高	100.22	9.83		
大专/高职	99.23	9.83	2.05	0.08
本科/双学士	100.28	10.10		
硕士及以上	101.08	8.78		

注：数值越大表示环境效能感越强。

受访者的年龄与低碳环境效能感之间有着显著的相关性，14—17周岁青年的低碳环境效能感最强，分值为101.63分，显著高于其他年龄组；中共党员和共青团员的低碳环境效能感分值较高，分别为100.07分和100.34分，民主党派成员青年低碳环境效能感分值最低，为96.60分，前者显著高于后者；从教育程度上看，初中及以下受访者对低碳生活的环境效能感最低，是98.54分，硕士及以上受访者的环境效能感分值最高，为101.08分，基本上教育程度越高，低碳环境效能感越强，但这种相关性不显著。

我们还对低碳生活的社会效能感进行了单因素方差分析（参见表3-18），因对构成社会效能感3个陈述——"只有党和政府带头实行低碳，公众才会自觉地低碳""我的低碳生活已经对亲戚朋友产生了积极影响"和"普通民众拥有改变未来的力量"答案的记分，从非常同意、比较同意、不大同意、非常不同意分别计为1、2、3、4分，故统计结果中数值越小社会效能感越强。

表3-18　低碳社会效能感的分类比较

不同属性	均值	标准差	*F*	*P*
男	99.92	10.02	0.22	0.64
女	100.11	9.92		

不同属性	均值	标准差	F	P
30—35 周岁	99.29	10.33		
25—29 周岁	100.14	9.91	1.40	0.24
18—24 周岁	100.33	9.74		
14—17 周岁	99.53	9.54		
中共党员	98.89	9.87		
民主党派成员	104.78	15.95	6.46	0.000
共青团员	100.40	9.71		
群众	100.52	10.27		
初中及以下	99.84	9.47		
高中/职高	100.41	10.12		
大专/高职	100.50	10.11	1.31	0.265
本科/双学士	100.52	9.86		
硕士及以上	100.52	10.18		

注：数值越小表示社会效能感越强。

分析结果发现，除了政治面貌外，性别、年龄和文化程度与低碳社会效能感不存在显著相关。政治面貌不同，对低碳生活的社会效能感也不同，中共党员的分值为 98.89 分，社会效能感最强，其次是共青团员和普通群众，分值分别为 100.40 分和 100.52 分，民主党派成员组青年的低碳社会效能感分值是 104.78 分，社会效能感最弱，在低碳社会效能感上组间存在显著性差异。

从性别看，男性比女性的社会效能感更强，男性的分值为 99.92 分，女性的分值是 100.11 分，但两者的差异不具有显著性。从年龄看，30—35 周岁和 14—17 周岁年龄组社会效能感分值较小，分别为 99.29 分和 99.53 分，社会效能感较强，18—24 周岁和 25—29 周岁年龄组的社会效能感分值较大，分别为 100.33 分和 100.14 分，社会效能感较弱，但差异不具有显著性。文化程度上看，初中及以下组分值最小（99.84 分），社会效能感较强，硕士及以上受访者分值最大（100.52 分），社会效能感较弱，但差异同样不具有显著性。

第四章　青年低碳生活：认知认同

本章主要探讨青年对低碳相关知识和观念的认知认同情况。所谓认知，简单而言是指人认识外界事物的过程，或者说是对作用于人的感觉器官的外界事物进行信息加工的过程。个体的认知对于其行为具有重要的影响。心理学中的态度三要素理论认为，认知是情感的基础，而情感是行为倾向的前提①。认知、情感与行为倾向相互影响，相互促进，认知对人的行为倾向和行为方式产生直接的作用，而行为倾向和行为方式的改变也会反过来改变人的认知。由此我们可以知道，在探讨青年的低碳生活时，了解他们对低碳知识的认知和对于低碳相关的观念的认同状况，对于预测青年的低碳消费行为和生活方式，进而对于促进我国建设资源节约型、环境友好型社会都具有十分重要的意义。低碳生活和低碳经济是低碳的核心内容，本章将分析青年对于低碳生活和低碳经济相关知识和观念的认知认同状况，同时对青年获取这些低碳知识和信息的渠道进行探讨。

第一节　青年的低碳认知

本章所指的低碳认知主要包括人对于人和自然之间关系、对低碳相关概念和理论知识等的掌握和理解。国内外的相关研究表明，个体对低碳知识的认知越深刻，低碳认知越会影响个体的低碳行为和低碳生活。低碳知识拥有程度越高的人，越有可能践行低碳行为和低碳生活。国外对消费者的低碳节能意识与低碳节能行为之间的关系研究表明，个人的知识、观念、认知、动

---

① Rosenberg M J and Hovland C I. Cognitive, Affective and Behavioral Components of Attitudes [M]. M J Rosenberg, C I Hovland (eds.), Attitude Organization and Change: An Analysis of Consistency Among Attitude Components. New Haven: Yale University Press, 1960.

机和规范会影响个人的节能行为，它们同时也是影响节能政策接受度的重要因素①；对家庭的研究表明，家庭成员对节能知识的认知会正向显著影响家庭的节能行为②；Upham 等通过研究公众"碳标签"认知与家庭碳减排的关系发现，公众"碳标签"认知显著正向影响家庭碳减排③；Kollumuss 等人的研究则表明，个体的环境知识、环境意识、环境态度和价值观等相互作用，影响消费者的亲环境行为④；而 Frick 等将环境知识分为系统知识（事实知识）、行动知识（如何行动）和效力知识（行为后果知识），他们发现，相比系统知识和效力知识，行动知识对环保行为存在更显著更直接的影响⑤。

我国对低碳意识和低碳行为之间的关系研究也表明，环境问题认知、个人责任意识、低碳消费知识、感知个体效力等显著影响低碳消费行为⑥；余艳等研究了低碳经济环境下的消费者行为，指出产品本身价值、低碳认知、国家相关政策影响消费者的低碳消费行为⑦。而贺爱忠等人对城市居民低碳责任意识和低碳消费的关系的研究也表明，低碳责任意识会显著地影响低碳态度和低碳消费行为，低碳责任意识越强烈，消费者的态度就会越倾向"低碳"，在消费过程当中就会越注重"低碳"⑧。

在关于低碳认知的研究方面，黄当玲在西安、吴春梅等人在南昌、张小

① Steg Linda. Promoting Household Energy Conservation［J］. Energy Policy，2008，36（12）：4449-4453

② Biesiot W，Noorman K J. Energy Requirements of Household Consumption：A Case Study of the Netherlands［J］. Ecological Economics，1999，28（3）：367-383. Brandon G，Lewis A. Reducing Household Energy Consumption：A Qualitative and Quantitative Field Study［J］. Environmental Psychology，1999，19（1）：75-85.

③ Upham P，Dendler L，Bleda M. Carbon Labelling of Grocery Products：Public Perceptions and Potential Emissions Reductions［J］. Cleaner Production，2011，19（4）：348-355.

④ Kollumuss A. & Agyeman J. Mind the Gap：Why do People Act Environmentally and What are the Barriers to Pro-environmental Behavior？［J］. Environmental Education Research，2002，8（3）：239-260.

⑤ Frick J，Kaiser F G，M Wilson. Environmental Knowledge and Conservation Behavior：Exploring Prevalence and Structure in a Representative Sample［J］. Personality and Individual Differences，2004，37：1597-1613.

⑥ 王建明，王俊豪. 公众低碳消费模式的影响因素模型与政府管制政策——基于扎根理论的一个探索性研究［J］. 管理世界，2011（4）：58-68.

⑦ 余艳，乐永海，陈曲. 低碳经济环境下的消费者行为研究［J］. 商场现代化，2010（11）：68-69.

⑧ 贺爱忠，李韬武，盖延涛. 城市居民低碳利益关注和低碳责任意识对低碳消费的影响——基于多群组结构方程模型的东、中、西部差异分析［J］. 中国软科学，2011（8）：185-192.

宝等人在长春的问卷调查均发现：城市居民对低碳有所认知，但整体上仍处于较低认知水平，对低碳相关概念、低碳的内涵理解程度偏低①。而谢砼军等人对农村居民的调查则表明，农村居民对低碳知识的了解十分有限，有四成左右的被调查者从未听说过"低碳"概念，40岁以上的人从未听说过"低碳"概念的人占到近九成②；任云良等人对"90后"大学生的调查则发现，大学生对低碳的认知较普通居民为高，但是仍然处于较低水平，日常行为表现也不符合低碳要求③。总体而言，上述研究都采用了定量的方法，但是由于样本量较小，同时描述较为简单，使得我们对于居民的低碳认知仍然只有初步的认识，需要进一步深入的研究。

一、青年对低碳相关概念的了解情况

（一）我国青年对低碳相关概念的了解程度偏低

了解低碳概念是掌握低碳知识和形成低碳认知的基础。在本次研究中，我们询问了青年对于与低碳相关的热点词的了解情况。在调查中，我们请被访青年对低碳相关概念根据了解情况打分，分数区间为0—10分，0分代表"根本不了解"，10分代表"非常了解"。表4-1呈现了青年对各个低碳相关概念的评分情况。

表4-1 青年对有关低碳概念的了解程度（%）

低碳概念	分值										
	0分	1分	2分	3分	4分	5分	6分	7分	8分	9分	10分
低碳生活	5.7	2.1	4.4	5.1	4.4	19.3	10	11.1	17.2	7.4	13.2
低碳城市	9.6	3.2	6	6.8	5.6	23.8	10.9	9.1	12.3	4.1	8.5

---

① 黄当玲. 西安市居民低碳意识的调查与分析 [J]. 西安邮电学院学报，2011（7）：91-95；吴春梅，张伟. 居民低碳认知态度与行为的实证研究 [J]. 技术经济与管理研究，2013（7）：123-128；张小宝，国力心. 我国城市居民低碳生活现状及实践应对——以长春市为例 [J]. 白城师范学院学报，2011（6）：60-64.

② 谢砼军，等. 传统聚落区居民低碳意识调查及提升对策研究——以湖南省张谷英村为例 [J]. 衡阳师范学院学报，2013（12）：160-164.

③ 任云良，鲁中海，庄应强. 90后大学生低碳认知和行为特征的调查与思考——以嘉兴职业技术学院为例 [J]. 大学教育，2013（17）：43-44，51.

低碳概念	分值									
	0分	1分	2分	3分	4分	5分	6分	7分	8分	9分	10分
低碳经济	12.2	3.9	6	7.5	4.3	26.4	8.8	7.2	12.8	3.5	7.5
低碳产业	14.6	5.1	7.9	9.6	6.6	19.6	9.6	8.1	10	3.6	5.3
低碳政策	14.9	4.2	7.4	9.3	6.3	19.4	10.2	8.8	10.6	3.2	5.6
低碳技术	17.2	6	9.1	9.8	7.5	18.8	8.6	7.1	8.4	3	4.5
碳足迹	31.1	5.9	7.8	7.6	5.7	15.5	7.5	6	5.7	2.3	4.7
碳交易	35.6	7.7	8.5	8.2	5.4	13.9	5.5	5	4.7	1.9	3.6
碳封存	43.3	9.4	7.6	6.4	4.9	11.5	4.9	4.1	3.7	1.9	2.3

从表中可以看出，青年对低碳相关概念的了解程度总体偏低。除了对"低碳生活"和"低碳城市"两个概念"根本不了解"（评分为0）的青年比例为5.7%和9.6%之外，对"低碳经济"等其他七个概念"根本不了解"的比例都在10%以上，而对"碳足迹""碳交易""碳封存"这三个概念"根本不了解"的青年比例更是分别达到了31.1%、35.6%和43.3%；同时，从回答"非常了解"（评分为10）的情况来看，也只有"低碳生活"的比例超过10%，而对于"碳足迹""碳交易""碳封存"这三个概念"非常了解"的比例都在5%以下。超过三成的青年对于与低碳相关的专业术语近乎闻所未闻，表明我国对于低碳知识的教育和宣传仍然任重道远。

（二）青年对低碳相关概念的了解程度随着概念的专业性增强而逐步降低

图4-1呈现了青年对各个低碳相关概念的评分均值。从图中可以看出，青年对低碳相关概念的了解呈现出随着概念的专业性增强而逐步降低的态势。其中，"低碳生活""低碳城市""低碳经济"三个概念的得分排在前三位，但得分仍然只在5分左右，处于"一般了解"的层次。这说明，虽然这些概念经常见诸媒体和网络，但青年对它们了解程度仍然不高；对于更加专业的术语，如"碳足迹""碳交易""碳封存"等，得分都在3.5分以下，表明青年对它们的了解程度还比较低。

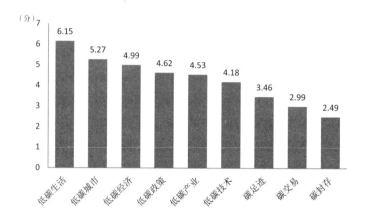

图 4-1　青年对低碳相关概念的了解情况

（三）学历越高的青年对低碳相关概念的了解程度越高

青年对低碳相关概念的了解程度，不同学历间存在明显差异。学历越高的青年，对低碳相关概念的了解程度也越高。从图 4-2 可以看到，对于每一个低碳相关概念，研究生学历的青年自我评分都高于本科及以下的青年；而对于学历为本科/大专/高职的青年来说，除了在碳足迹概念上的自我评分（3.42）略低于高中及以下文化程度的青年之外（3.48），在其他方面的了解程度都高于后者。从对"碳足迹""碳交易""碳封存"三个专业化术语的知晓程度来看，也表现出相应的特点，高中及以下和本科/大专/高职文化程度的青年对这三个概念根本不了解（评分为 0）的比例更高。以对"碳封存"概念的了解程度为例，高中及以下、本科/大专/高职和研究生文化程度的青年对其根本不了解的比例分别为 46.1%、43.0% 和 36.4%。

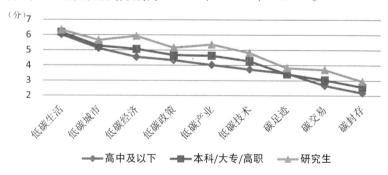

图 4-2　不同学历的青年对低碳相关概念的了解情况

（四）男性青年对低碳相关概念更为了解

在对低碳相关概念的了解方面，男性的了解程度更高。参见图4-3，除了"低碳生活"这一概念女性的了解程度更高，其他八个概念，男性的了解程度都更高。特别是"碳交易""碳封存"这种专业化程度很高的术语，男女之间了解程度的差异更大。女性对"低碳生活"概念更为了解，可能是因为女性更为关注生活，在日常生活中所具备的知识和经验要高于男性，而在专业性术语方面，她们在工作和生活中都接触更少，因此了解也更少。

此外，从年龄差异来看，24岁及以下的学生群体对低碳相关概念的了解程度更高。这可能表明，随着低碳概念在我国逐渐流行和教育普及，对于更为年轻的青年来说，他们接触低碳知识的机会更多，因而了解程度也更高。从地域差别来看，中部地区青年对各类低碳相关概念的了解程度最高，西部和东部地区则表现出得分高低交错的现象。

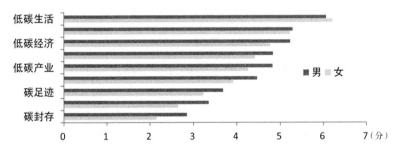

图4-3　不同性别的青年对低碳相关概念的了解情况

二、青年对低碳知识的了解情况

（一）我国青年对低碳知识的了解程度不高

掌握正确的低碳知识是形成积极的"低碳"态度和践行良好"低碳"行为的前提。在本研究中，我们用与低碳相关的一些知识和命题来测量青年对低碳知识的认知。分析结果表明，我国青年对低碳知识的了解程度不高，有相当比例的青年对"低碳"还存在错误的认知。表4-2是青年对本研究所设置的典型低碳知识的认知情况。从表中可以看到，虽然有88.2%的人对"近年一些极寒天气证明全球变暖的观点是错误的"这道题判断正确，表明全球变暖的认知已经在我国青年中深入人心，但从对"低碳产品和绿色产品并不是一回事""解决环境污染是低碳的最低要求"以及"温室气体会使地球表面变暖"三道较为专业的知识题的回答可以看到，分别只有35.0%、49.5%和61.1%的青年具有正确的认知。这表明，我国青年对与低碳相关的一些较为基本的知识掌握尚显不足，还有很大的提升空间。

表4-2　青年对典型低碳知识的认知情况（%）

与低碳有关的表述	该表述的性质	青年认为该表述正确的比例	正确相符率
低碳产品和绿色产品并不是一回事	正确	35.0	35.0
解决环境污染是低碳的最低要求	正确	49.5	49.5
温室气体会使地球表面变暖	正确	61.1	61.1
近年一些极寒天气证明全球变暖的观点是错误的	错误	11.8	88.2
哥本哈根气候变化峰会是在中国召开的	错误	8.6	91.4

（二）女性青年对低碳知识的了解程度相对更高

进一步的分析表明，青年对低碳知识的认知存在着性别和地区差异。我们选取了表4-2中与低碳有关的表述中区分度较高的三道题来加以分析。结果表明，如表4-3所示，虽然两性在"温室气体会使地球表面变暖"这一知识判断上无明显的差异，但相对于男性而言，女性更能辨别低碳产品和绿色产品的差别，并且对环境污染与低碳之间的关系有着更为正确的认识。导致这一现象的原因，一方面是青年女性在生活中对于环境污染更为敏感；另一方面是在日常的消费中，女性购物行为更为频繁，对商品是否为低碳或绿色特性可能更为关注。

表4-3　青年对典型低碳知识认知情况的性别差异

命题	判断	男	女	合计	x^2	P
低碳产品和绿色产品并不是一回事	错误	67.2%	63.0%	64.9%	5.62	0.018
	正确	32.8%	37.0%	35.1%		
解决环境污染是低碳的最低要求	错误	54.7%	46.8%	50.5%	17.97	0.000
	正确	45.3%	53.2%	49.5%		

续表

命题	判断	男	女	合计	x^2	P
温室气体会使地球表面变暖	错误	38.3%	39.0%	38.7%	0.13	0.721
	正确	61.7%	61.0%	61.3%		

对青年关于低碳知识的地区差异的分析则表明，只有在对"解决环境污染是低碳的最低要求"这一命题的判断方面，不同地区的青年存在认知差异。其中，西部地区的青年认为这一命题正确的比例占到 53.5%，而中部和东部地区认为正确的比例则分别为 44.1% 和 48.8%。此外，数据显示，不同文化程度的青年，在低碳知识的认知方面不存在显著的差异。

第二节 青年对低碳经济的认知

低碳经济概念最早出现在 20 世纪 90 年代后期[1]，2003 年英国政府发布《我们未来的能源——创造低碳经济》白皮书，低碳经济概念首次出现在官方文件中。自那之后，低碳经济概念迅速流行，出现在各种学术研究、政府报告和媒体报道中。虽然截至目前，尚不存在一个统一的低碳经济定义，但人们基本都同意以下观点：一是发展低碳经济的目标是应对能源、环境和气候变化带来的挑战；二是低碳经济的实现途径是技术创新、提高能效和改善能源结构。一些学者指出，低碳经济概念具有两个核心特征，即"低碳排放""高碳生产力"[2]。比如，目前被广泛引用的英国环境专家鲁宾斯的定义：低碳经济是一种正在兴起的经济模式，其核心是在市场机制基础上，通过制度框架和政策措施的制定和创新，推动提高能效技术、节能技术、可再生能源技术和温室气体减排技术的开发与运用，促进整个社会经济朝向高能效、低能耗和低碳排放的模式转型。

目前我国学术界已经开展了对低碳经济的认知的相关研究。巢桂芳在常州的问卷调查表明，超过 90% 的居民对低碳经济的相关信息一知半解，有 8%

---

[1] Kinzig & Kammen. National Trajectories of Carbon Emissions：Analysis of Proposals to Foster the Transition to Low-Carbon Economies [J]. Global Environmental change, 8 (3)：183-208.

[2] 潘家华，庄贵阳，郑艳，等. 低碳经济的概念辨识及核心要素 [J]. 国际经济评论，2010 (4)：88-101.

的人没听说过这一概念①。而狄洋在哈尔滨市对 5 所高校的大学生开展的调查表明，四成大学生了解低碳经济的内涵及特点，不知道的比例较低②。由此可以认为，大学生对低碳经济相关信息的了解高于普通居民。董青在金华针对大学生开展的问卷调查则表明，大多数青年认为发展低碳经济在短期内可能会对 GDP 造成负面影响，但是长期看是有利的，他们对发展低碳经济总体持支持态度③。

一、青年对低碳经济的特征和作用的认知情况

（一）我国青年对低碳经济"低能耗、低污染、低排放"的特征有较为准确的认识

为了解青年对低碳经济的认知情况，调查中我们向被访者询问了如下题目：您认为低碳经济的基本特征有哪些？调查结果显示（参见图 4-4），大多数青年认为低碳经济是低能耗、低污染、低排放，分别有 72.8%、71.7% 和 66.2% 的人提及上述三项特征。虽然目前关于低碳经济还不存在统一的定义，但如果以被广泛认可的"低碳排放"和"高碳生产力"这两个低碳经济的重要特征来衡量的话，上述发现表明，大部分青年对于低碳经济的认知是比较

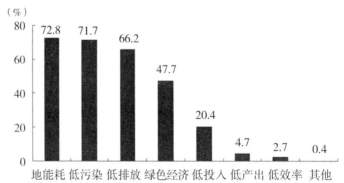

图 4-4 青年对低碳经济特征的认知

① 巢桂芳. 关于提高低碳经济意识、创导低碳消费行为的调查与研究 [J]. 经济研究导刊, 2010 (31): 215-216.
② 狄洋. 低碳经济背景下大学生环保意识培养研究 [D]. 哈尔滨工程大学, 2013.
③ 董青. 大学生低碳经济意识状况调研——以金华职业技术学院为例 [J]. 中国电力教育, 2010 (35): 127-129.

准确的，与此同时，它也表明青年对低碳经济有很正面的认知，对低碳经济有较高的期待。最后需要指出的一点是，数据显示，有20.4%的人认为低碳经济是低投入的，虽然这不等于说青年会把高投入作为低碳经济的一个特征，但它一定程度上表明青年对于发展低碳经济可能带来的投入增加有一定的认知准备。

（二）我国青年充分认识到发展低碳经济的重要性

自低碳经济概念出现以来，发展低碳经济就一直被认为是应对气候变化、环境污染等问题的重要措施。但与此同时，在各种研究、会议和媒体报道中，也常会出现质疑气候变化、低碳经济的各种观点和证据①。换句话说，人们对于低碳经济所扮演的角色的认识还存在一定的分歧。为了解我国青年对于低碳经济角色的认知情况，我们向被访者询问了如下题目：您是非常同意、比较同意、不大同意、很不同意还是说不清如下观点：（1）低碳经济是解决环境问题的有效途径；（2）发展低碳经济是中国负责任形象的展示；（3）改善环境需要加快经济增长方式转变。调查数据显示（参见图4-5），有将近90%的青年同意上述三种观点。换句话说，绝大部分青年充分认识到发展低碳经济的重要性，同时对低碳经济在改善环境方面的潜能有很高的期待。

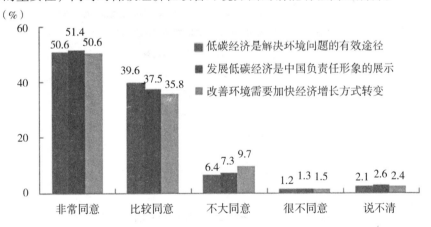

图4-5 青年对低碳经济重要性的认知

---

① 潘家华，孙翠华，孙国顺. 减缓气候变化经济评估结论的科学争议与政治解读 [J]. 国际经济评论，2007（9）：47-49.

二、青年对发展低碳经济的原因和方式的认知

（一）我国青年认为环境污染日益严重是发展低碳经济的最主要原因

随着工业化和城市化的不断推进，我国在经济高速增长的同时，也付出了生态环境被破坏的惨重代价。空气污染、水污染、土壤污染等现象，在九州大地上随处可见。环境污染问题已经成为我国居民最为关切的社会问题之一。而发展低碳经济，构筑低能耗、低污染的经济体系，已经成为社会的强烈呼声。如图 4-6 所示，该调查显示，超过七成的青年认为"环境污染日益严重"是发展低碳经济的最主要原因，其次分别有 45.2% 和 41.8% 的青年认为"我国碳排放量过高"和"全球气候变暖"也是我国亟须发展低碳经济的主要原因。此外，也有超过三成的青年认为"我国现有经济发展模式缺乏可持续性""我国资源利用率低""我国人均资源占有量低"的现状，是发展低碳经济的主要原因。由此可以认为，青年对我国发展低碳经济的背景有清醒的认识。

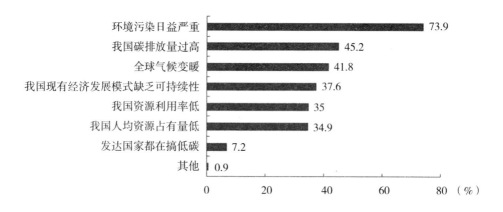

图 4-6　青年对发展低碳经济的原因的认知

（二）我国青年对"先污染、后治理"经济发展方式持否定态度

限于特定的发展理念和发展阶段，包括中国在内的很多经济体在经济发展过程中都走了所谓的"先污染、后治理"的发展道路。改革开放以来，在经历了 30 多年经济快速增长和环境不断恶化的同时，人们的环境意识、风险

意识和健康意识都有所提高，对于环境污染问题、经济发展收益与环境代价之间的关系问题的看法也发生了很大变化。在本次调查中，我们询问了青年对"我国的经济发展是以牺牲环境为代价的"这一观点的态度。如图4-7的结果显示，77.1%的青年表示同意（其中40.1%表示非常同意，37.0%表示比较同意）这一观点，20.4%的人表示不同意（其中14.2%表示不大同意，6.2%表示很不同意），还有2.5%的青年表示说不清。这意味着，我国青年认识到了我国经济体系存在的缺陷。

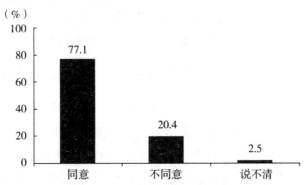

图4-7　青年对"我国的经济发展是以牺牲环境为代价的"这一观点的态度

　　此外，在本次调查中，我们还询问了青年对于"先污染、后治理"的经济发展方式可行性的态度。数据结果显示，绝大多数青年认为"行不通"，只有7.5%的青年认为"行得通"，态度比较模糊的（即"不好说"）占17.1%。进一步的分析显示（参见表4-4），不同受教育程度、不同地区的青年对"先污染、后治理"发展方式的看法较为一致，但西部青年认为"行不通"的比重比东部和中部稍高，表现出西部青年对"先污染、后治理"发展模式有着更强的否定认识。

表4-4　不同受教育程度、区域的青年人对"先污染、后治理"发展方式的态度

	受教育程度			区域		
	高中及以下	本科/大专/高职	研究生	东部	中部	西部
行得通	7.4%	7.4%	9.1%	7.1%	7.7%	7.7%
行不通	74.1%	76.1%	73.4%	75.5%	73.8%	79.8%
不好说	18.5%	16.5%	17.5%	17.4%	18.5%	12.6%

三、青年对低碳经济发展现状和前景的认知

强调"低碳"是国际社会的一致发展方向，低碳也被认为是未来经济的重要特征。对于中国而言，一方面，经济发展正处在城市化、工业化和相对较高碳密度的重化工业占主导的阶段，能源禀赋尚以高碳的煤为主；另一方面，面临庞大的人口规模和就业压力，实施低碳经济发展的技术储备不足、自主创新能力薄弱①。在机遇和挑战并存的时代背景下，我国青年对我国低碳经济发展的现状和前景的认知情况如何？我们试图探讨和回答这一问题。

（一）超过六成的青年认为我国的低碳技术和低碳产业落后于发达国家

本次调查的数据分析结果显示（参见图4-8），总体而言，超过六成的青年认为我国的低碳技术和低碳产业落后于发达国家，其中67.5%的青年认为我国的低碳技术落后于发达国家，64.2%的青年认为我国的低碳产业落后于发达国家。但与此同时，也有25%左右的青年认为我国在低碳技术和低碳产业方面与发达国家差不多甚至超过后者。上述认知差异可能来自以下两个方面：一是由于低碳技术和低碳产业都包括诸多技术或产业，我国与发达国家在不同技术和产业上的差距也各不相同；二是不同的人对于不同技术、产业的了解程度不一样。此外，数据还显示，青年对我国低碳产业与低碳技术水平的认知有很强的相关性。

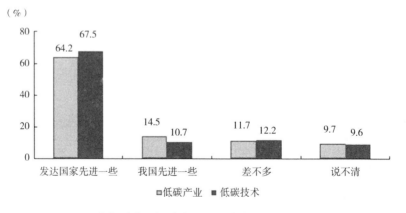

图4-8 青年对我国低碳产业和低碳技术发展水平的认知

---

① 联合国开发计划署. 中国人类发展报告 2009——迈向低碳经济和社会的可持续未来 [M]. 北京：中国对外翻译出版公司，2010.

（二）青年对低碳产业政策及低碳经济/生活宣传效果的满意度不高

本次调查的数据分析结果显示（见图4-9），总体而言，青年对我国低碳产业政策及低碳经济/生活宣传效果的满意度都不太高，只有6%左右的人很满意，38%左右比较满意，50%左右的人表示不满意或很不满意。

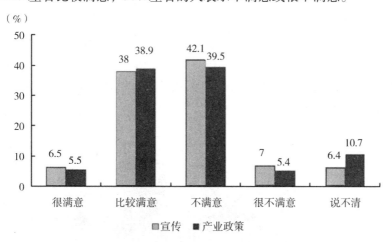

图4-9　青年对我国低碳产业政策及低碳经济/生活宣传效果的满意度

进一步分析发现，不同受教育水平的人在我国低碳产业政策及低碳经济/生活宣传效果的满意度上有明显的区别。分析发现，在受教育程度为"高中及以下"的青年中，43.1%的人表示对我国低碳产业政策不满意，这一比例明显低于"高职/大专"和"本科及以上"受教育程度的不满意比例（分别为49.6%和51.4%）。在对低碳经济/生活宣传效果的满意度上，受教育程度为"高中及以下"的青年中，42.0%的人表示不满意，这一比例也低于"高职/大专"和"本科及以上"受教育程度的青年（分别为44.1%和46.5%）。造成这种差异的原因可能是由于受教育程度较高的青年人，对于环境问题、全球气候变化等问题更加关注，对于发展低碳经济的要求和期望更高，更容易对现状表示不满。

（三）超过五成的青年对"十二五"末完成减排目标表示乐观

硬性的减排指标既是我国履行国际承诺，也是我国转变经济增长方式、发展低碳经济的重要举措。在2009年9月召开的联合国气候变化峰会上，时任国家主席胡锦涛指出，中国要"大力发展绿色经济，积极发展低碳经济和循环经济，研发和推广气候友好技术"。2009 年 12 月，中国政府提出到 2020 年单位国内生产总值二氧化碳排放要比 2005 年下降 40%—50%。也许公众并不一定了解政府确定的具体减排目标，但我们认为，公众对政府减排目标的实现情况的预期，能够反映出他们对政府推动低碳经济发展的信心。在本次调查中，我们询问了被访者对"十二五"末实现单位国内生产总值能耗下降 16% 的前景的判断。数据显示（见图 4-10），54% 的被访者表示"很乐观"或"比较乐观"，31% 的人明确表示"不太乐观"或"很不乐观"，15% 的人表示"说不清"。这表明，虽然有过半的青年对"十二五"末完成减排目标表示乐观，但是仍然有不少青年对实现减排目标持怀疑态度。青年在这一问题上的态度分歧较大。

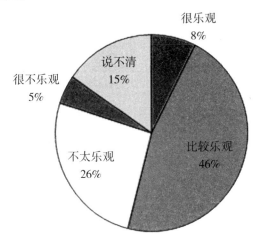

图 4-10　青年对完成"十二五"减排目标的预期

（四）大多数青年对新能源替代化石能源的前景表示乐观

寻找替代能源、转变能源消费方式既是发展低碳经济的重要途径，也是低碳经济的重要特征。在本次调查中，我们了解了青年对太阳能、风能、核能等新能源替代煤炭、石油等化石能源的前景的判断。数据显示（见图 4-11），超过七成五的人对太阳能、风能等可再生能源替代化石能源表示乐观，超过五成五的人对核能替代化石能源表示乐观。换句话说，青年对未来寻找到低碳的替代能源表示乐观，对用太阳能、风能等可再生能源代替化石能源尤为乐观。

进一步的分析显示（参见表 4-5），不同受教育程度的青年在对太阳能、风能等可再生能源替代化石能源的前景方面抱有乐观预期的比例均在 75% 以

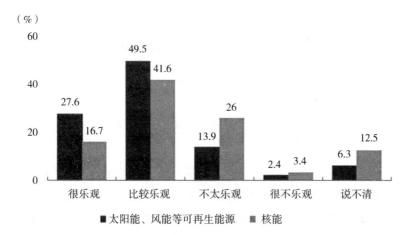

图4-11　青年对新能源替代化石能源的预期

上，对核能替代化石能源的前景抱有乐观预期的均在55%以上。与之类似，不同地区的青年在对太阳能、风能等可再生能源替代化石能源的前景方面抱有乐观预期的在75%—80%之间，对核能替代化石能源的前景抱有乐观预期的在53%—60%之间。换句话说，不同受教育程度、地区的青年人在对太阳能、风能等可再生能源与核能替代化石能源的预期上并不存在明显差异。

表4-5　不同受教育程度、区域青年对新能源替代化石能源前景的态度

		受教育程度			区域		
		高中及以下	本科/大专/高职	研究生	东部	中部	西部
太阳能、风能等可再生能源	乐观	77.2%	77.4%	75.3%	78.6%	75.4%	79.1%
	不乐观	14.7%	16.6%	20.8%	14.8%	17.9%	15.1%
	说不清	8.0%	6.1%	3.9%	6.7%	6.8%	5.7%
核能	乐观	55.9%	58.5%	55.9%	52.9%	59.7%	58.1%
	不乐观	28.7%	29.2%	36.4%	33.1%	27.7%	30.3%
	说不清	14.5%	12.3%	7.8%	14.0%	12.6%	11.7%

第三节　青年对低碳知识的获取渠道

一、我国青年主要通过网络和电视了解低碳知识

了解青年获取低碳知识和信息的渠道，对于有效地向青年传播低碳知识和信息，提高宣传和教育的有效性和精准性具有重要意义。数据显示，青年主要通过网络和电视了解低碳知识。这与之前对青少年了解低碳知识渠道的相关研究结果相一致①。如图4-12所示，分别有82.70%和82.00%的青年主要通过"互联网"和"电视、广播"来了解有关低碳的知识，53.56%的青年通过"报纸杂志"来获取有关知识，通过"单位、社区的活动""家人、朋友"了解低碳相关知识的较少，分别只有12.98%和10.81%。这表明，相对于人际传播，大众传媒传播是我国青年获取低碳相关知识的主要方式。在大众传媒之中，报纸杂志的影响力相对较弱，互联网和电视的影响力要更大。此外，从图4-12我们还可以了解到，有9.46%的青年是通过此次调查才了解到低碳相关知识和信息。

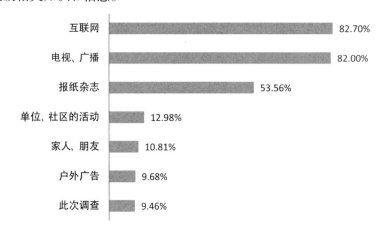

图4-12　青年了解低碳知识的主要渠道

---

① 陈俊娟，梁思娴，邱艳君. 大学生低碳行为影响因素的调查分析［J］. 价值工程，2011（31）：125-126；袁君秀. 苏州市大学生参与低碳体育旅游现状调查与发展对策研究［D］. 苏州：苏州大学，2013.

二、青年获取低碳知识的渠道存在性别、年龄、学历方面的差异

进一步的分析表明，不同性别、年龄、学历的青年，在获取低碳知识的渠道方面存在着较为明显的差异。从性别来看，相对于男性，女性更多地通过电视（或听广播）的方式来获取低碳信息，更少地通过上网和看报纸杂志方式获取信息。与此同时，她们以家人或朋友和户外广告的方式获取信息的比例更高。造成这一现象的原因，一方面可能是因为女性在家庭中活动的时间更多，看电视的时间也更多；另一方面，她们更容易受到家人或朋友和户外广告的影响。

在年龄方面，18岁以下的青年由于未成年，受家人或朋友影响的比例较高，达到20.6%；而对于30岁以上的青年来说，他们大多已经成家立业，参与社区和单位的活动相对更多，因此受单位或社区的影响比总体平均比例更高，达到16.1%。在学历方面，研究生学历的青年上网获取低碳信息的更多，比例达到87.2%，而看电视（或听广播）则更少，比例为76.5%；高中及以下的青少年则恰恰相反，他们看电视（或听广播）和利用互联网获取信息的比例分别为80.9%和76.0%。

第五章 青年低碳生活：政策偏好

第一节 青年对政府推进低碳生活的政策选择

一、青年对政府推行低碳生活的责任的态度与认知

推行低碳生活，政府责无旁贷。当代青年是否认同这个观点呢？表5-1的调查数据显示，在对当前我国环境形势的严峻程度的判断方面，68.8%的青年"非常同意"环境问题是我国当前最为严峻的问题之一的说法，27.8%的青年比较认同，合计超过96%的青年认为环境问题是我国当前最严峻的问题之一。面对严峻的环境状况，政府应该怎么做，青年有自己的主张。调查显示，分别有46.5%和38.6%的青年"非常同意"或者"比较同意"政府应该花更多的钱来保护环境，即该陈述得到了八成以上青年的认同。另外，分别有51.4%和37.5%的青年"非常同意"或者"比较同意"发展低碳经济是中国负责任形象的展示，共计近九成的青年认同这一陈述。总的来说，绝大多数青年已经认识到我国环境问题的严峻性，认为政府应该在保护环境上发挥更大的作用，并认同发展低碳经济对于中国形象的正面促进作用。由此可见，在发展低碳经济方面，青年对于发展低碳经济的正面回应与对政府推行低碳生活的责任的认知，使得青年的个人偏好与政府的政策偏好具有很强的一致性，这使得政府在低碳经济政策的制定与推行上拥有较为坚实的民意基础。

表 5-1　青年对政府政策的选择偏好（%）

低碳发展方式的相关陈述	非常同意	比较同意	不大同意	很不同意	说不清
环境问题是我国当前最为严峻的问题之一	68.8	27.8	2.2	0.5	0.7
政府应该花更多的钱来保护环境	46.5	38.6	11.7	1.8	1.5
发展低碳经济是中国负责任形象的展示	51.4	37.5	7.3	1.3	2.6

　　表 5-2 是不同背景的青年对政府环保投入责任（"政府应该花更多的钱来保护环境"）的认知比较。该表通过交互分析展示了政治面貌、年龄和文化程度三个变量与认知态度的相关性：政治面貌与青年对政府环保投入责任认知变量的 x^2 值为 49.42，P 系数小于 0.001，因此我们认为政治面貌与对政府环保投入责任认知变量是相关的。具体来说，就是具有中共党员身份的青年更容易认同政府在环保投入上的责任，换句话说，党员青年觉得在倡导低碳生活方式方面党和政府应当发挥模范带头作用。在各类政治身份人群中，民主党派的青年对于政府环保责任的强调相对较弱。年龄与青年对政府环保投入责任认知变量的 x^2 值为 56.15，P 系数小于 0.001，因此我们认为年龄与对政府环保责任认知变量是相关的：年龄越大，青年就越强调党和政府在低碳中的带头作用，反之年纪较轻的青年对于这种政府在环保中的责任认同度相对较低。文化程度与青年对政府环保投入责任认知变量的 x^2 值为 58.08，P 系数小于 0.001，因此我们认为文化程度与对政府环保责任认知变量是相关的：青年的文化程度越高，他们就越认为政府在环保投入上负有责任，在低碳推行中应该发挥带头作用，引导公众低碳生活。由此可见，青年对于政府环保投入责任的认知，与其自身的政治面貌、年龄和文化程度紧密相关：高学历的青年、年长些的青年和党员青年更加强调政府在环保中的投入责任，希望政府承担带头作用，引导公众低碳生活。

表5-2 青年对政府环保投入责任的认知比较

属性	态度（%）					x^2	P
	非常同意	比较同意	不大同意	很不同意	说不清		
中共党员	52.0	37.8	8.5	1.1	0.7		
民主党派成员	41.2	32.4	17.6	5.9	2.9		
共青团员	42.3	38.8	14.7	2.2	2.0	49.42	0.000
群众	47.9	40.4	8.7	1.3	1.7		
总体	46.4	38.7	11.7	1.7	1.5		
14—17周岁	44.6	39.2	12.1	2.9	1.3		
18—24周岁	38.6	41.7	16.0	2.0	1.6		
25—29周岁	49.9	38.0	9.8	0.9	1.4	56.15	0.000
30—35周岁	53.7	34.9	8.1	1.8	1.5		
总体	46.5	38.6	11.7	1.8	1.5		
初中及以下	36.3	41.1	11.3	8.9	2.4		
高中/职高	42.7	39.6	14.3	1.3	2.1		
大专/高职	45.6	39.2	12.0	1.8	1.4	58.08	0.000
本科/双学士	48.2	38.0	11.2	1.4	1.3		
硕士及以上	55.8	34.7	7.5	0.7	1.4		
总体	46.5	38.5	11.7	1.8	1.5		

　　表5-3是青年对"发展低碳经济是中国负责任形象的展示"的认知比较。该表通过交互分析展示了性别、政治面貌、年龄和文化程度四个变量与认知态度的相关性。性别与青年对"发展低碳经济是中国负责任形象的展示"的认知变量的 x^2 值为12.33，P 系数为0.015，因此我们认为性别与对发展低碳经济是中国负责任形象的展示的认知变量是相关的，女性青年比男性青年更认同低碳经济是中国负责任形象的展示。政治面貌与青年对"发展低碳经济是中国负责任形象的展示"的认知变量的 x^2 值为41.24，P 系数为0.000，因此我们认为政治面貌与对发展低碳经济是中国负责任形象的展示的认知变量也是相关的，党员比民主党派青年更认同发展低碳经济是中国负责任形象的展示。年龄与青年对"发展低碳经济是中国负责任形象的展示"的认知变量的 x^2 值为23.47，P 系数为0.024，因此我们应认为年龄与对低碳经济是中国

负责任形象展示认知变量是相关的，年长的青年更认同发展低碳经济是中国负责任形象的展示。文化程度与青年对"发展低碳经济是中国负责任形象的展示"的认知变量的 x^2 值为 45.17，P 系数为 0.001，因此我们认为文化程度与对发展低碳经济是中国负责任形象的展示的认知变量是相关的，学历越高的青年更认同发展低碳经济是中国负责任形象的展示。总体来看，女性青年、党员青年和文化层次较高的青年更倾向于认为发展低碳经济是中国负责任形象的展示。这意味着，学历水平较低的青年、男性青年和非党员青年对于低碳经济对中国形象的正面作用缺乏足够的认知，政府应该在低碳经济宣传过程中增强对这几类群体的宣传力度。

表5-3　青年对发展低碳经济是中国负责任形象的展示的认知比较

属性	态度（%）					x^2	P
	非常同意	比较同意	不大同意	很不同意	说不清		
男	48.4	38.6	8.5	1.8	2.7		
女	53.6	36.5	6.4	0.9	2.5	12.33	0.015
总体	51.3	37.5	7.3	1.3	2.6		
中共党员	56.0	35.6	5.8	0.7	1.9		
民主党派成员	34.3	31.4	25.7	5.7	2.9		
共青团员	49.3	38.2	8.1	1.4	3.0	41.24	0.000
群众	49.5	39.3	6.6	1.9	2.6		
总体	51.3	37.5	7.3	1.3	2.6		
14—17 周岁	52.2	34.7	11.1	0.3	1.6		
18—24 周岁	48.6	38.7	8.2	1.4	3.0		
25—29 周岁	52.6	38.5	5.8	1.2	2.0	23.47	0.024
30—35 周岁	53.0	36.2	5.9	1.5	3.4		
总体	51.4	37.6	7.2	1.2	2.6		
初中及以下	44.8	44.0	5.6	4.8	0.8		
高中/职高	48.0	37.9	10.1	1.0	3.0		
大专/高职	47.4	40.6	7.1	1.5	3.5		
本科/双学士	54.8	35.9	6.4	0.9	2.0	45.17	0.001
硕士及以上	57.0	30.2	6.7	2.7	3.4		
总体	51.4	37.5	7.2	1.3	2.6		

二、青年对政府推进低碳生活政策的选择偏好

表5-4是青年对政府推进低碳生活政策的选择偏好。对于政府通过提高电费水费等经济措施来推进低碳生活的政策，9.0%的青年认为"很好"，29.5%的青年认为"比较好"。对于政府实行的以节能补贴措施来推进低碳生活的政策，20.7%的青年认为"很好"，53.2%的青年认为"比较好"。两相比较，青年更倾向于选择节能补贴来进行低碳生活的政策。这两个政策的选择差异主要在于，前者是"取"，通过经济手段来硬性约束公众行为，而后者是"予"，通过补贴措施来引导公众行为。而现实是，青年更偏好通过补贴措施来引导低碳生活的政策。之所以有这样的趋势，在于政府通过提高电费水费来推进低碳生活的举措，在一定程度上增加了青年的生活成本，对于其个人短期利益造成了一定的损失，此时青年的个人偏好与政府的政策偏好在利益上产生冲突，因此青年群体对于政府的此项政策认同度不高。因此，有关部门在政策制定过程中应该充分考虑青年的选择偏好，尽量选择引导为主的政策，减少约束为主的政策制定，通过正面的鼓励与积极倡导来推进低碳生活的实现。

表5-4 青年对政府推进低碳生活政策的选择偏好

评价	政府通过提高电费水费等经济措施来推进低碳生活		政府以节能补贴措施来推进低碳生活	
	频数	百分比（%）	频数	百分比（%）
很好	252	9.0	574	20.7
比较好	823	29.5	1476	53.2
比较差	963	34.5	393	14.2
很差	506	18.1	122	4.4
说不清	245	8.8	209	7.5
合计	2789	100	2774	100

三、青年对政府推进低碳生活政策选择的群体差异

表5-5是青年对政府通过提高电费水费等来推进低碳生活的效果认知的分类比较。该表通过交互分析来分别展示青年性别、政治面貌、年龄和文化程度四个变量与青年对政府通过提高电费水费等来推进低碳生活认知的相关关系。其中，性别、政治面貌、年龄和文化程度与青年对政府通过提高电费水费等来推进低碳生活认知变量的x^2值分别是16.875、21.948、63.821和17.099，除了文化程度，其余三个x^2值都超过临界值，因此我们可以认定，青年的性别、政治面貌及年龄对青年关于政府通过提高电费水费等来推进低碳生活的认知有影响。其中男性认为政府通过提高电费水费用来推进低碳生活的效果"很差"的比例高一些。党员和共青团员青年比群众和民主党派青年更赞同政府通过提高电费水费来推进低碳生活的举措。18—24周岁的青年最赞同政府通过提高电费水费来推进低碳生活的效果。

表5-5　青年对政府通过提高电费水费等来推进低碳生活的效果认知的分类比较

属性	效果（%）					x^2	P
	很好	比较好	比较差	很差	说不清		
男	9.8	28.5	34.7	20.1	7.0		
女	8.0	30.5	34.5	16.7	10.4	16.875	0.002
总体	8.8	29.5	34.6	18.3	8.8		
中共党员	10.0	28.7	35.7	18.2	7.3		
民主党派成员	11.8	23.5	26.5	23.5	14.7		
共青团员	8.2	32.1	33.7	17.5	8.5	21.948	0.038
群众	9.4	23.8	35.5	19.7	11.6		
总体	9.1	29.5	34.6	18.1	8.7		
14—17周岁	7.7	34.2	33.5	17.3	7.3		
18—24周岁	10.5	36.4	31.7	12.7	8.6		
25—29周岁	8.1	24.4	38.0	21.2	8.1	63.821	0.000
30—35周岁	9.1	25.7	32.9	21.9	10.4		
总体	9.1	29.6	34.4	18.3	8.7		

属性	效果（%）					x^2	P
	很好	比较好	比较差	很差	说不清		
初中及以下	7.5	35.8	31.7	11.7	13.3		
高中/职高	9.8	31.4	34.5	15.9	8.4		
大专/高职	8.5	29.1	33.8	18.8	9.8	17.099	0.379
本科/双学士	9.1	29.0	35.1	18.8	8.0		
硕士及以上	9.9	23.7	34.9	23.0	8.6		
总体	9.1	29.5	34.5	18.2	8.8		

表5-6是青年对政府实行节能补贴措施来推进低碳生活的效果认知的分类比较。数据分析显示，性别、政治面貌、年龄和文化程度与青年对政府通过节能补贴措施来推进低碳生活认知变量的 x^2 值分别是 25.134、44.636、23.623 和 38.48，P 值分别为 0.000、0.000、0.023 和 0.008，均通过了显著性检验，因此我们可以认为青年的性别、政治面貌、年龄和文化程度都与青年对政府实行节能补贴措施来推进低碳生活的效果认知具有相关性：中共党员和共青团员青年对政府实行节能补贴措施来推进低碳生活的效果的肯定比例较高，可见有党内身份的青年比起无身份或者民主党派的青年更注重政府在推行低碳经济政策时的作用与责任，民主党派成员则相比之下对政府在推行低碳经济中的角色和责任认同度较低。本科及以上学历的青年对政府实行节能补贴措施来推进低碳生活的效果的认同度要高于大专及以下学历的青年，其中初中及以下学历的青年对于政府实行节能补贴推动低碳生活的效果评价度最低。这是因为，青年在持续的受教育过程中加深了对政府角色和政府责任的了解，因此更希望政府采取此项措施来实现低碳生活。该结论对政策制定者的启示是：在政策制定过程和宣传过程中，应注意扩大参与范围，保证公众对于政策制定和推行的知情同意权利，这样才能够减少政策实行的阻力。

表5-6 青年对政府实行节能补贴措施来推进低碳生活的效果认知的分类比较

属性	效果（%）					x^2	P
	很好	比较好	比较差	很差	说不清		
男	19.8	51.4	15.8	6.1	6.8		
女	21.5	54.6	12.7	2.9	8.3	25.134	0.000
总体	20.7	53.1	14.2	4.4	7.6		
中共党员	19.8	57.8	12.1	4.2	6.1		
民主党派成员	17.6	29.4	32.4	8.8	11.8		
共青团员	21.2	53.2	14.9	3.9	6.9	44.636	0.000
群众	21.6	45.8	14.8	5.9	12.0		
总体	20.8	53.1	14.2	4.4	7.5		
14—17周岁	22.2	55.6	12.9	3.9	5.5		
18—24周岁	20.1	54.7	14.5	4.0	6.7		
25—29周岁	18.9	55.7	13.5	4.8	7.1	23.623	0.023
30—35周岁	23.9	46.4	15.3	4.0	10.4		
总体	20.8	53.3	14.1	4.2	7.5		
初中及以下	13.4	47.1	20.2	5.0	14.3		
高中/职高	22.2	52.6	13.6	4.0	7.6		
大专/高职	17.9	52.1	15.6	5.4	9.1		
本科/双学士	22.2	54.5	13.4	3.9	6.0	38.48	0.008
硕士及以上	19.2	55.5	11.0	5.5	8.9		
总体	20.6	53.3	14.2	4.4	7.5		

第二节 青年对低碳生活政策的评价

一、青年对低碳发展的全面评价

为了了解各地区开展环保、低碳活动的状况，我们让青年受访者对各自所在地区的环保实施与实际效果进行打分，0—10分，0代表最差，10代表最好。调查结果如表5-7所示。从青年对15个领域的评分均值来看，被评分的15个方面得分均值都在4至6分之间，其中经济发展均值为5.71分，得分最高，社区低碳活动均值为4.20分，得分最低。总体而言，青年对本地的经济发展、市政建设等方面评价相对较高，而对于与低碳环保有关的社区低碳活动、环保社会组织、公民环保行为、环保志愿服务、公民环保意识的评价较低，均低于5分。由此可见，青年认为政府比较注重经济发展与地区市政等硬件建设，对于环境保护及低碳经济仍缺乏足够的重视和支持。另外，通过评分比较，我们发现在低碳环保的推行过程中，各地区的社会组织发挥作用有待加强，公民环保意识有待提高。因此，推行低碳经济，不仅要政府加大对低碳经济的政策优惠力度和宣传力度，也要充分发挥社区社会组织和公民的作用，以社区为单位进行低碳活动的推广及宣传，培养社区公民环保意识，推动其环保行为和志愿服务行为，从而形成良好的低碳环保社会氛围。

表5-7 青年对所在地区各方面状况的评分（%）

	经济发展	市政建设	自然环境	人均绿地	城市交通	环境保护	食品安全	环保宣传	空气质量	污染治理	环保社会组织	社区低碳活动	公民环保意识	公民环保行为	环保志愿服务
0分	1.0	1.3	1.5	1.4	1.8	1.7	3.6	2.0	2.6	3.0	3.1	4.6	2.4	2.3	4.0
1分	7.1	7.6	8.6	9.1	11.1	9.9	12.8	10.9	13.4	12.5	14.6	16.9	12.9	13.7	15.5
2分	4.6	6.1	5.9	7.8	8.0	7.1	8.0	8.1	7.3	8.4	9.8	11.6	9.7	10.6	10.4
3分	7.2	8.6	9.0	10.1	8.8	8.9	11.0	9.6	9.3	10.7	10.7	10.9	11.6	10.7	9.2
4分	4.6	6.7	6.9	9.1	9.7	9.1	7.2	9.2	7.3	9.3	9.1	8.0	9.4	9.9	7.6
5分	26.1	20.5	17.8	19.8	20.0	20.2	22.8	21.3	16.1	21.3	20.6	17.2	22.0	21.0	18.5
6分	11.3	13.9	12.9	11.2	13.0	13.2	10.4	11.8	10.1	11.0	11.0	9.9	11.2	11.2	10.1
7分	10.1	12.7	11.9	10.6	10.2	11.0	9.8	10.7	11.0	10.0	8.8	8.2	7.7	7.8	9.0
8分	14.2	12.7	12.9	11.3	9.3	10.1	8.3	8.0	11.7	7.9	6.1	6.4	6.8	6.3	7.9
9分	5.6	4.7	5.8	3.8	3.4	4.6	2.6	3.4	5.5	2.5	2.7	3.1	2.5	3.0	3.2
10分	8.0	5.3	6.9	5.8	4.6	4.2	3.6	4.8	5.8	3.6	3.6	3.3	3.9	3.4	4.6
均值（分）	5.71	5.43	5.49	5.15	4.93	5.08	4.61	4.88	5.04	4.62	4.42	4.20	4.51	4.46	4.48

二、青年对低碳生活的宣传效果的评价

图5-1是青年对低碳经济和低碳生活的整体宣传效果的评价。由此图可知，6.5%的青年认为当前低碳经济和低碳生活的整体宣传效果"很好"，38.0%的青年认为"比较好"，42.1%的青年认为"比较差"，6.9%的青年认为"很差"。从中可以看出，持否定评价的青年人比持肯定态度的青年多了4.5个百分点，青年对于低碳经济和低碳生活的整体宣传效果是不太满意的。这说明政府对低碳经济和低碳生活的宣传工作还有待进一步加强。

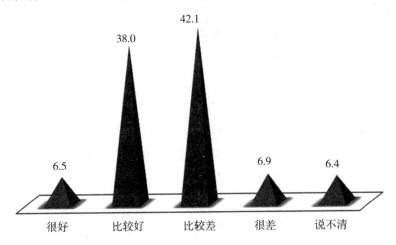

图5-1 青年对低碳经济和低碳生活的整体宣传效果的评价（%）

表5-8是青年对低碳经济和低碳生活的整体宣传效果评价的分类比较。该表通过交互分析分别展示了青年政治面貌、年龄和文化程度三个变量与青年对低碳经济和低碳生活整体宣传效果评价变量的相关情况。其中政治面貌、年龄、文化程度与青年对低碳经济和低碳生活整体宣传效果评价的 x^2 值分别为33.059、32.192和30.566，P 值分别为0.001、0.001和0.015，均通过了显著性检验，所以我们可以认为青年的政治面貌、年龄和文化程度与青年对低碳经济和低碳生活整体宣传效果评价是相关的：青年党员和共青团员比青年群众、民主党派青年对低碳经济和低碳生活的整体宣传效果评价高，年龄较大的青年比年龄较小的青年对低碳经济和低碳生活整体宣传效果的评价低，学历较高的青年对于低碳经济和低碳生活整体宣传效果的评价更低。总体来说，青年对低碳经济和低碳生活整体宣传效果的负面评价要多于正面评价。

可见，我国低碳经济和低碳生活的宣传效果不太理想，并没能达到预期的效果，导致青年群体对其效果评价不高，因此，政府在宣传低碳经济和低碳生活的执行过程中，应注意方法，根据具体的受众来制定具体的宣传方法，寻找公众的相关需求与个人选择，并与之相结合，提高整体宣传效果。

表5-8 青年对低碳经济和低碳生活的整体宣传效果评价的分类比较

属性	效果（%）					x^2	P
	很好	比较好	比较差	很差	说不清		
中共党员	7.4	40.1	40.3	6.5	5.6		
民主党派成员	2.9	28.6	40.0	11.4	17.1		
共青团员	6.4	39.0	42.7	6.7	5.2	33.059	0.001
群众	5.2	32.7	44.2	7.7	10.2		
总体	6.5	38.1	42.1	6.9	6.4		
14—17周岁	6.3	48.4	34.2	7.0	4.1		
18—24周岁	6.1	39.8	42.6	5.4	6.2		
25—29周岁	6.1	36.5	43.1	7.8	6.4	32.192	0.001
30—35周岁	8.0	32.9	43.5	7.7	8.0		
总体	6.5	38.1	42.0	6.9	6.4		
初中及以下	4.8	44.4	30.6	7.3	12.9		
高中/职高	7.9	42.1	36.7	7.5	5.8		
大专/高职	6.1	36.9	43.6	6.0	7.3		
本科/双学士	6.5	37.1	43.8	7.1	5.6	30.566	0.015
硕士及以上	5.2	32.0	48.4	7.8	6.5		
总体	6.5	38.0	42.1	7.0	6.4		

三、青年对低碳产业政策的评价

图5-2反映了青年对当前国家低碳产业政策的满意度。对当前国家低碳产业政策非常满意的青年占5.5%，比较满意的青年占38.9%，不太满意的青年占39.4%，很不满意的青年占5.4%。也就是说，对国家低碳产业政策满意的青年仅占四成稍多。国家低碳产业政策的质量和数量有待进一步提升。当

前我国正准备通过惠民工程，推行"领跑者计划"，对具有最好能效标准的产品和设备给予鼓励性政策，出台节能节水环保设备所得税优惠政策，完善资源综合利用所得税增值税的优惠政策。但这些政策能否达到预期效果和能否让青年人满意，需要进一步观察。

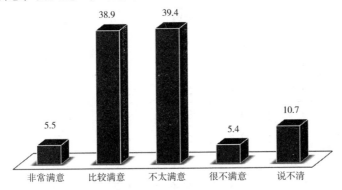

图 5-2　青年对当前国家低碳产业政策的满意度（%）

表 5-9 是青年对国家低碳产业政策满意度的分类比较。该表通过交互分析分别展示了青年性别、政治面貌和年龄三个变量与青年对国家低碳产业政策满意度变量的相关情况。其中性别、政治面貌、年龄与青年对国家低碳产业政策满意度变量的 x^2 值分别为 18.134、44.949 和 51.296，P 值分别为0.001、0.000 和 0.000，均通过了显著性检验，所以我们可以认为青年的性别、政治面貌和年龄与青年对国家产业政策满意度变量是相关的：男性青年对国家低碳产业政策满意度较高；有政治身份的青年对此满意度高于普通群众青年；年纪小的青年的满意度高。总体来看，青年对于国家低碳产业政策的肯定比例与否定比例相当，特别是选择"说不清"的比例约有 10%，这说明少部分青年对于国家低碳产业政策依旧缺乏基本的了解。

表 5-9　青年对国家低碳产业政策满意度的分类比较

属性	满意度（%）					x^2	P
	非常满意	比较满意	不太满意	很不满意	说不清		
男	6.7	39.8	38.7	6.0	8.8	18.134	0.001
女	4.4	37.9	40.4	5.0	12.4		
总体	5.5	38.7	39.6	5.4	10.8		

属性	满意度（%）					x^2	P
	非常满意	比较满意	不太满意	很不满意	说不清		
中共党员	7.5	38.9	37.2	5.4	11.1		
民主党派成员	0.0	42.9	40.0	5.7	11.4		
共青团员	5.0	41.0	40.4	5.2	8.3	44.949	0.000
群众	3.6	33.1	40.5	5.9	17.0		
总体	5.5	39.0	39.4	5.4	10.7		
14—17周岁	6.7	44.1	36.5	6.0	6.7		
18—24周岁	4.9	43.8	39.3	4.4	7.7		
25—29周岁	4.6	38.0	39.0	5.8	12.6	51.296	0.000
30—35周岁	7.2	31.1	41.0	6.2	14.6		
总体	5.5	39.0	39.2	5.5	10.8		

第三节　青年对低碳生活的政策选择

一、青年对低碳减排的途径偏好

表5-10是青年对低碳减排的有效实现途径的选择。在限选三项的情况下，23.1%的人次认为科技进步是低碳减排的有效途径，22.9%的人次认为改变生活方式是低碳减排的有效途径，19.0%的人次认为转变生产方式是低碳减排的有效途径，14.8%的人次认为降低消费水平是低碳减排的途径，14.4%的人次认为控制人口增长是低碳减排的途径。由此可见，青年普遍认为，技术进步、生活方式和生产方式转变应该成为低碳减排的优先选择。这些积极的、正面的途径能够为青年所青睐，从中也可看出青年对于科技和自身改变的期待与信心，我们有理由相信掌握有更多科学技术的青年将成为未来低碳减排的主力军。

表 5-10　青年对有效实现低碳减排的途径的选择

有效低碳减排的途径	应答频数（次）	应答百分比（%）
科技进步	1765	23.1
改变生活方式	1751	22.9
转变生产方式	1449	19.0
降低消费水平	1133	14.8
控制人口增长	1096	14.4
战争	202	2.6
瘟疫	135	1.8
说不清	101	1.3
合计	7632	100.0

二、青年对低碳政策的优先选择偏好

表 5-11 是青年对政府当前最应该做的事情的看法。由表可知，限选三项的情况下，青年认为政府有关部门当前最应该着手的事情第一是完善政策法规（16.1%），第二是建立健全低碳消费的制度体系（11.6%），第三是转变生产方式（11.1%），第四是党政机关率先示范（10.6%），第五是营造良好低碳生活社会氛围（9.7%）。从这一选择排列来看，青年希望在推行低碳政策方面，政府首先应该把低碳生活的政策制度体系建立起来，紧接其后的才是政府关于低碳生活的具体措施。这说明更多的青年重视政府在推动低碳生活中的政策设计者的身份，认为政府应当完善政策与制度建设，高屋建瓴地推动低碳经济和低碳生活。当前我国在低碳生活的政策制度体系方面已经有了一个基本的雏形，但是还不够全面，且制度化水平不高。这就要求政府能够长远规划、下大力气做好"搭框架"的工作，只有框架搭建完备，政府才能引导公众在完备的框架下实行低碳生活的各种举措。

表 5-11　青年认为政府当前最应着手做的事情的比例分布

政府当前最应着手做的事情	响应频数（次）	应答百分比（%）
完善政策法规	1294	16.1
建立健全低碳消费的制度体系	933	11.6

政府当前最应着手做的事情	响应频数（次）	应答百分比（%）
转变生产方式	894	11.1
党政机关率先示范	858	10.6
营造良好低碳生活社会氛围	780	9.7
促进节能惠民措施的持续开展并扩大范围	673	8.4
加大对低碳产品的监督力度	609	7.6
加大科研力度和研发投入	590	7.3
更广泛地普及低碳知识	575	7.1
积极推进低碳城市的建设	455	5.6
形成以低碳为荣的主流价值观	369	4.6
其他	27	0.3
合计	8057	100.0

三、青年对低碳生活主导性社会力量的认知

表5-12是青年对政府政策的责任评价。对于政府在低碳发展过程中的责任表述，分别有41.4%和40.3%的青年对"政府在低碳方面的政策越来越完善，我感到满意"这个论述表示"非常同意"和"比较同意"；分别有30.8%和40.8%的青年对"只有党和政府带头实行低碳，公众才会自觉地低碳"这个论述表示"非常同意"和"比较同意"。由此可见，政府在推进低碳生活方面所做的努力得到了多数青年的认可，政府的低碳政策的推行让大部分青年感到满意。超过七成的青年认为党和政府应当在推行低碳中起到带头示范作用。因此，目前政府所推行的低碳政策应当进一步完善的同时，政府也应率先垂范，在具体做法上发挥带头作用，引导公众低碳生活。

表5-12 青年对政府政策的选择偏好（%）

政府在低碳发展中的责任的表述	非常同意	比较同意	不大同意	很不同意	说不清
政府在低碳方面的政策越来越完善，我感到满意	41.4	40.3	11.3	3.7	3.2

政府在低碳发展中的责任的表述	非常同意	比较同意	不大同意	很不同意	说不清
只有党和政府带头实行低碳，公众才会自觉地低碳	30.8	40.8	19.3	6.9	2.3

表5-13是青年对建设低碳生活主导性社会力量的认知。在限选三项的情况下，青年选择政府是低碳生活建设主导力量的比例最高，应答百分比为25.9%，第二高的新闻媒体，比例为18.2%，选择普通公民的比例为13.2%，选择企业的比例为11.3%，选择环保工作者和社会组织的比例分别为8.4%、6.1%。由此可见，在青年的心目中，政府、新闻媒体、公民个人、企业应该是低碳生活建设的主导性力量。发挥好这些组织和个体的低碳生活的主导作用显得尤为重要，同时我们也发现社会组织和社区的力量被排在后面，可见社会组织和社区作用并没能引起青年群体的足够关注，因此在发挥政府和新闻媒体、个人和企业主导力量的同时，应注重发挥社区和社会组织在建设低碳生活中的力量。

表5-13 青年对建设低碳生活主导性社会力量的认知

主导性社会力量	响应频数（次）	应答百分比（%）
政府	2060	25.9
新闻媒体	1446	18.2
环保工作者	665	8.4
研发低碳技术的科技人员	312	3.9
企业	894	11.3
普通公民	1049	13.2
自己	461	5.8
市场机制	300	3.8
社会组织	483	6.1
社区	221	2.8
其他	50	0.6
合计	7941	100.0

四、青年对低碳发展机制的政策偏好

表5-14反映了青年关于低碳发展机制建议的分布。青年认为低碳发展机制的建设第一要建立政府、企业和公民之间的低碳经济利益均衡机制（19.4%），第二要建立低碳产业发展政策导向机制（16.5%），第三要建立低碳环境和能源技术创新机制（13.3%），第四要建立低碳产品认证和标志机制（9.8%），第五要建立低碳城市建设机制（9.1%），第六要建立低碳财政税收激励机制（8.9%）。这一选择排列显示出了青年人对于经济利益均衡发展的重视。低碳发展机制是一个系统的政策制度体，它的有效运行要建立在结构合理、均衡有序的基础上。因此，政府在制定政策时需要充分把握住低碳经济利益协调这一核心要素，并保证其他要素的均衡发展。否则，发展机制一旦失衡，不仅可能会影响低碳发展机制的建设效率，也可能会带来其他衍生性问题。

表5-14　青年关于低碳发展机制建设的看法

低碳发展机制的相关内容	响应频数（次）	应答百分比（%）
低碳产业发展政策导向机制	1224	16.5
政府、企业和公民之间的低碳经济利益均衡机制	1443	19.4
低碳产品认证和标志机制	726	9.8
低碳财政税收激励机制	665	8.9
低碳产品税收机制	513	6.9
低碳城市建设机制	678	9.1
低碳环境和能源技术创新	985	13.3
低碳环境监测机制	542	7.3
以上都重要	574	7.7
以上都不重要	83	1.1
合计	7433	100.0

五、青年对低碳生活的政策目标的预期

图5-3反映了青年对我国在"十二五"末期实现单位国内生产总值能耗下降16%的前景预期。其中表示"非常乐观"的青年人占7.5%，表示"比较乐

<<< 第五章　青年低碳生活：政策偏好

观"的青年人占 46.4%，表示"比较悲观"的青年人占 26.0%，表示"非常悲观"的青年人占 4.8%。整体来说，只有稍稍过半的青年人对我国"十二五"能耗目标持乐观预期，这一比例与当前我国推进节能减排与低碳生活方式步伐缓慢的国情有关。现实阻力大，让一部分青年信心不足。因此，有必要从环保行动动员和低碳政策落实两个方面来展开工作，提高青年人的信心。

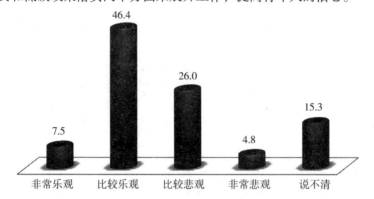

图 5-3　青年对我国"十二五"末期实现单位国内生产总值能耗下降 16% 的前景预期（%）

表 5-15 是青年人对"十二五"末期实现单位国内生产总值能耗目标乐观程度的分类比较。通过交互分析，我们得知性别、政治面貌、年龄和文化程度四个变量与青年对"十二五"末期实现国内生产总值能耗目标乐观程度变量间存在相关关系：男性青年对此的悲观预期比例较高；党员、团员青年对此持乐观态度的比例较高；年纪较小的青年对此的预期较为乐观；中等文化程度青年较为乐观。总体来看，对"十二五"末期实现国内生产总值能耗目标持乐观态度的青年占据被调查人数的一半左右，比例不算高。我国政府推进节能减排，需要一个强大的民意支持，而目前较低的乐观度显然与政府政策需要有一定差距。因此政府更需要完善相关制度，践行减排承诺，严格推行减排标准，以实际行动来提振公众的信任及信心。

表 5-15　青年对"十二五"末实现单位国内生产总值能耗目标乐观程度的分类比较

属性	乐观程度（%）					x^2	P
	非常乐观	比较乐观	比较悲观	非常悲观	说不清		
男	9.6	46.2	27.8	5.9	10.5		
女	5.7	46.9	24.2	3.9	19.4	58.569	0.000
总体	7.5	46.5	25.8	4.8	15.3		

续表

属性	乐观程度（%）					x^2	P
	非常乐观	比较乐观	比较悲观	非常悲观	说不清		
中共党员	8.5	49.5	25.0	4.8	12.2		
民主党派成员	8.8	32.4	32.4	14.7	11.8		
共青团员	7.7	47.0	26.3	4.6	14.4	47.399	0.000
群众	5.3	40.2	26.3	4.5	23.7		
总体	7.5	46.4	26.0	4.8	15.3		
14—17周岁	10.4	50.3	23.4	5.5	10.4		
18—24周岁	8.9	48.9	24.0	3.8	14.3		
25—29周岁	5.3	46.3	28.2	4.8	15.5	37.062	0.000
30—35周岁	7.8	41.0	26.1	5.6	19.5		
总体	7.5	46.4	25.9	4.7	15.4		
初中及以下	6.8	42.7	22.2	7.7	20.5		
高中/职高	9.1	46.6	22.7	4.6	17.0		
大专/高职	7.0	44.7	25.3	3.6	19.4		
本科/双学士	7.1	48.0	27.2	5.2	12.5	33.181	0.007
硕士及以上	8.6	43.4	32.2	4.6	11.2		
总体	7.5	46.5	26.0	4.8	15.3		

第四节　结论和建议

一、青年群体对于推进低碳生活政策的个体偏好

（一）主体偏好：认同政府在政策制定和推行过程中的主导地位

青年群体认同政府在推进低碳经济和低碳生活中所扮演的不可替代的角色，认为政府应该在环保领域发挥更大作用：政府应主导低碳法律法规的制

定和相关制度的完善，并肯定党和政府在政策的实行过程中所发挥的带动作用，建立低碳经济和低碳生活的理念和标准，为公众低碳生活起到示范作用。除了政策的制定外，青年认为政府应当提供更多的经济支持，来鼓励企业和个人实施节能减排，推动相关产业升级，最终实现减排目标，推动低碳经济的发展。在推动节能减排的社会力量中，除了政府的主导力量，青年群体也肯定了新闻媒体和普通公民的辅助作用。新闻媒体在政策的推行中发挥了强大的宣传作用，媒体的宣传报道及舆论会引导公众树立低碳生活理念，而普通公众的身体力行则是实现节能减排、推动低碳生活的现实基础。

（二）优先选择偏好：重视低碳相关法律法规和制度框架的建设与完善

青年认为当下政府工作日程中最紧要的两件事是完善法律法规和建立健全低碳消费的政策体系。在中国迈向负责任大国的进程中，低碳经济的政治文明构建刻不容缓。发展低碳经济的政治文明主要是指国家为发展低碳经济所必须制定的制度与政策，是实现低碳发展的制度保障①。青年群体已经充分地认识到法律法规对于企业和个人履行低碳行为的约束及引导作用，也明白只有搭建起低碳经济/生活的制度框架，政府才能更加规范、有序地引导公众实施低碳生活，提高低碳政策实行的效率，并实现低碳政策的可持续性运行与落实。

（三）途径偏好：认为技术进步与生活方式的改变是推行低碳生活的关键

青年群体认为在实现低碳生活的途径选择上，推广和使用先进科技仍然是最主要的实现途径，其次是公众生活方式的转变和企业生产方式的转变。只有实现技术创新，低碳经济的发展才有持续不断的动力作为支撑，青年寄希望于科技的进步来带动未来生产方式的变革与生活方式的改变，这与其所受的教育以及科教兴国的时代背景是不可分离的，也从一个侧面反映出当代中国青年重视科技作为"第一生产力"的关键作用，他们认真学习科学知识，努力掌握技术技能，希望凭借科技的力量实现低碳生活的梦想。

---

① 罗宏，裴莹莹，冯慧娟，等 . 促进中国低碳经济发展的政策框架［J］. 资源与产业，2011（2）：20.

（四）发展机制偏好：搭建政府、企业和公民之间的经济利益均衡机制

在低碳发展机制的建设方面，青年认为首先要建立政府、企业和公民之间的经济利益均衡机制，其次要建立低碳产业发展政策导向机制。青年对低碳均衡发展机制的强调反映出他们对各种利益群体之间关系的正确理解。其实，公共利益发生并形成于个人利益之中，是有差别的个人利益中带有共同性的部分，它调节私人利益并为私人利益的实现提供条件；个人利益之间也不是绝对对立、互不相融的，它们有着某种共同一致性，这也是社会存在的基础；个人利益之间的冲突是不可避免的，但是相互冲突的利益经过多次博弈，最终会找到和达成合作一致的方式①。政府、企业与公民作为三方利益主体，其利益必然有相同和相异之处，为此，平衡三者之间微妙而复杂的经济利益关系成为低碳发展建设的重要内容，把握住经济利益这个核心内容，实现三者之间的平衡并建立一个稳定的均衡机制，有利于低碳经济朝一个更加健康的方向发展，而不是对某一方利益的偏颇。此外，建立低碳产业发展政策导向机制的建议，是青年群体对政策引导产业作用的肯定与支持，也足见青年对政府建立完备政策机制的保障体系的重视与期待。

（五）内容偏好：倾向于支持引导型低碳政策，不赞同约束型低碳政策

在政府现行的低碳政策内容选择上，青年群体更支持以节能补贴来推动低碳生活的鼓励、引导型低碳政策，相比之下，他们不太赞成以提高水电费来推动低碳生活的强制约束型低碳政策。强制性的低碳政策由于增加了对相关费用的征收，一定程度上对青年的短期个人利益产生影响，故其支持度较低，而引导性的低碳政策在体现政策偏好的同时也很好地顾及了公众的个人利益，实现了个人利益和公共利益的双赢，从而有助于实现个人目标与公共目标的共同达致。此外，比起强制性的政策法规，青年较为自由开放的个性使其更赞同自愿性和灵活性较大的鼓励引导型政策，以相对柔和的方式推进低碳生活、发展低碳经济。

---

① 薛冰.个人偏好与公共利益的形成——兼论阿罗不可能定理 [J]. 西北大学学报，2003（4）：79.

二、我国现行低碳政策实施的现状

青年关于低碳政策方面的各种偏好在一定程度上也反映了目前我国低碳政策的实施现状。根据青年对现有低碳政策的基本状况的评价，我们可以看到，自从国家积极推行低碳经济以来，低碳政策的实施与发展有值得肯定之处，也有不足之处，其具体表现如下。

（一）政策目标日趋明朗，制度保障不断健全

一方面，作为一个发展中的能源生产与消费大国，中国面临着巨大的减排压力；另一方面作为一个国际上负责任的大国，中国政府近几年来出台了《中华人民共和国节约能源法》《规划环境影响评价条例》等一系列政策法规，并积极参与国际相关会议协商，签署了众多相关国际公约，实现了既定节能减排目标，真正展示了一个负责任、守承诺的环保大国形象。同时中国政府采取积极措施，建立了应对气候变化的相关体制机制，建立了与中国国情相适应的低碳政策体系，为中国发展低碳经济、推动低碳生活提供了较为良好的制度保障。公众也相信我国的低碳政策正在逐步完善，并对推动低碳生活持以积极乐观的态度。

（二）政策宣传初见成效，"低碳减排"业已深入人心

国家的低碳政策宣传初见成效，这表现在青年群体普遍认为环境问题是我国当前最为严峻的问题之一，并认同发展低碳经济对我国国家正面形象的促进作用。这恰恰反映出近年来我国对低碳经济和低碳生活等相关政策和概念的宣传有了效果。中国政府在 2010 年两会"一号提案"中创新性地提出了要"将中国特色低碳发展道路确定为经济社会发展的重大战略"，同时将中国特色低碳发展道路作为应对气候变化、推动积极发展的重大战略，在列入"十二五"规划的同时考虑更加长远的规划。自此，低碳生活逐步被越来越多的国民所了解，低碳理念渐入人心，公众日益认同并推崇低碳生活，这正是我国政府积极制定低碳政策、履行低碳承诺的见证。

（三）政策手段日益多元，柔性引导与刚性约束的低碳政策相结合

我国现行低碳政策在手段选择上坚持了鼓励引导型政策与强制约束型政策相结合的模式。一方面，政府运用经济政策通过提高相关水电及能源费用

来约束企业和个人的消费活动，以此来强制实行节能减排；另一方面，政府又运用节能补贴等一系列补贴政策激励企业或个人减少能源消耗，引导其树立低碳环保意识。这两类政策"刚柔相济"并行不悖，较好地体现了我国现阶段的基本国情，一定程度上既满足了公众的个人偏好又实现了公共利益。

（四）政策宣传效果满意度较低，政策宣传力度有待加强

调查显示，青年群体对低碳经济和低碳生活政策宣传效果的满意度不高，可见我国政策宣传有待加强。这其中有宣传力度和宣传方式两方面的原因，除了新闻媒体的政策宣传外，作为基层单位的社区的宣传能力没有得到充分的发挥与运用，舆论宣传的力度没有找到精准的宣传点；除此之外，在宣传方式上，多数政策宣传只是流于表面的喊口号、贴标语，并没能真正找准公众需求所在，使得宣传效率大大降低，宣传效果不尽如人意。

（五）政策执行不到位，社区及公民环保意识与环保行为的参与程度都有待加强

低碳政策在执行过程中也遇到了一定的阻力，这些阻力主要是公众个人利益与政府利益的冲突所导致的。这种利益冲突使得公众对政策存在抗拒心理，一定程度上对政策的执行产生了负面作用。此外，社区开展环保活动的资源匮乏、公民环保意识缺乏和环保活动的参与性不强说明低碳政策的执行还远不到位。很有必要在今后的政府工作中进一步贴近居民生活，将社会中低碳生活的最广大的实践主体——公民个人的积极性调动起来，以真正实现全民的低碳生活。

（六）低碳产业的数量及质量都有待提高

青年群体对于我国现有的低碳产业的数量和质量发展水平不太满意，这在很大程度上反映出我国目前低碳产业的发展"窘境"。虽然，我国在"十二五"规划期间提出了节能与减排目标，同时加大对低碳产业的扶持力度，重点关注工业、建筑、交通、公共机构及城镇化几个重点领域的节能，发展一系列低碳产业，并继续研究扩大绿色消费的补贴政策，但这一系列的低碳产业政策都需要实践的检验和公众的认可。目前我国现有的产业政策与发达国家相比仍旧存在很大差距，在低碳产业的数量和质量水平上都有待进一步的提高。

三、低碳生活中的个体偏好与政府政策的比较分析

20 世纪 60 年代，美国学者阿罗（K. Arrow）在关于社会选择问题的研究中提出了著名的"不可能定理"。这一定理在经过严格推论后得出的基本结论是：无数个人偏好不可能集结形成共同的偏好，因而凝结着共同偏好的公共利益也不可能存在[1]。这是许多政府决策与公众参与之间都面临的难题，也是政府推行低碳政策必须跨过的一道"门槛"。本调查同样显示，青年个体偏好与政府政策之间确实存在差异，具体体现为政策认知偏好差异、政策评价偏好差异与政策实践偏好等方面的差异性。

（一）政策认知偏好的差异

1. 低碳政策中政府承担的责任尚未达到青年群体的期待值。调查显示，超过八成的青年认为党和政府应当发挥模范带头作用，引导公众低碳生活。但在政策执行过程中，部分政府机关仍存在公款吃喝、滥用公车、超标建设机关大楼等耗费能源与浪费物资的行为，政府自身并没有很好地为公众低碳生活起到应有的示范作用。政府所承担的低碳责任远未达到青年的期待值。

2. 青年群体内部对于低碳环保的认知也存差异。个体受其自身性别、政治面貌、年龄和文化程度因素的影响，其认知和个体偏好存在差异。总体而言，中共党员和共青团员要比群众和民主党派成员更加认同政府在低碳生活中的责任和作用，也更偏好于强制约束型的低碳政策。除此之外，年龄和文化程度也对青年的认知与个人偏好产生了一定的影响。

（二）政策评价偏好的差异

1. 低碳生活和低碳经济宣传效果未能达到个体偏好与要求。青年对低碳生活和低碳经济相关的政策宣传期待值较高，目前的相关政策宣传效果满意度较低，政策宣传在力度和宣传方式上都需要做出改变以满足公众个人偏好，同时达到应有的政策效果。

2. 低碳产业政策未能达到个体偏好与要求。青年群体基于自身需求和自身利益考虑，希望国家能够给予低碳产业更多的支持力度，来为国民谋福利，

---

① 薛冰. 个人偏好与公共利益的形成——兼论阿罗不可能定理 [J]. 西北大学学报，2003（4）：79.

推动国家产业结构调整和环境改善，而目前国家对低碳产业的政策扶持力度较小，相关配套机制仍不够完善。

（三）政策执行偏好的差异

1. 政府对低碳行业的资金投入相对于公众的低碳需求来说存在着巨大缺口。调查显示，超过八成的青年认为政府应当投入更多的钱来支持环保事业，可是目前政府所投入的环保资金较之其他产业仍然显得不足。青年群体期待有更多的资金投入低碳经济，增强企业与个人实现低碳行为的能力，从而推动低碳生活方式的形成。

2. 青年更支持鼓励引导型低碳政策的实施，而目前我国低碳政策仍以强制约束型为主。调查显示，青年人更支持政府通过节能补贴措施来推动低碳生活的发展，对于以增加水费电费方式推动低碳生活的做法支持度较低。就目前我国已经实施的与低碳有关的法律法规和政策条例而言，以强制约束型为主的减排政策仍占据主要位置，鼓励引导型的补贴政策需进一步增加、完善。

3. 政策执行过程中对于公民和社区积极性的调动不够。现行的低碳政策执行过程中对于社区和居民等基层单位与个体的积极性调动作用较小，导致公民环保意识薄弱，志愿服务不足，社区环保活动开展频率较低，这与青年个体希望对社区和公民所承担的社会责任偏好产生了较大差异。

4. 政府仍在探索政府、企业与个人的利益均衡机制。调查中青年期待政府在低碳产业发展机制中首先建立起政府、企业与个人三位一体的共生机制和低碳产业导向机制，目前政府仍在努力探索之中。健全机制建设，完善政策法规，仍有很长一段路要走。

四、在青年群体中推行低碳生活方式的有效途径

（一）加强青年对低碳生活的认知，树立低碳生活的理念

1. 加强青年对低碳生活的认知。青年群体应当提高自身对低碳生活和低碳经济的认知，增加对低碳领域的了解。提高自身对低碳生活的认知主要包含三个方面的内容：一是理解低碳生活、低碳经济的相关概念及术语的含义，了解低碳生活的内容，并逐步认同其理念与内涵。二是了解当下环境问题的严峻形势，认清楚我国所面临的能源危机和环境危机，懂得低碳生活是缓解、

解决环境问题的重要途径，在内心拉起一道保护环境的"警戒线"。三是掌握节能减排的日常生活知识，了解如何才能在生活中减少能耗，保护环境，实现低碳。

2. 树立低碳生活理念。在提高自身低碳生活认知的基础上，青年应当积极树立低碳生活理念。这种低碳生活的理念主要体现为低碳价值观和低碳道德观的内化。低碳生活以生态价值观为指导，崇尚绿色与简单的生活方式，主张减少能耗、节约资源、降低二氧化碳排放量。这就要求青年首先认同并接受这种生态价值观，将生态保护作为自身日常生活的出发点，同时把保护环境、对后代负责的生态责任内化为道德标准，用来约束、指导自己的行为。

（二）明确自身定位，倡导低碳生活方式

青年人是充满了好奇心和创新性的一个群体，这些特性都决定了青年将逐渐成为社会健康生活方式的生力军，成长为推行低碳经济和低碳生活的主要力量。立足于这样的社会角色定位，青年人应当勇敢肩负起践行低碳生活的社会责任，在工作、消费、闲暇、社会交往各个方面履行属于自己的环保责任。

1. 践行低碳的工作方式。低碳工作方式，指的是在一定的劳动条件下，劳动主体在低碳劳动观念的指导下所进行的物质、精神生产或是进行相对固定的劳务输出的行为方式[①]。以现有的工作条件为基础，青年人在低碳理念的指导下，尽量减少工作过程中的能源消耗，如在不影响工作效率的前提下尽量减少电脑等电器的使用。青年人也可以充分运用自身所学知识，投身于环保技术和节能低碳技术的研发，用自己的知识和创造力为低碳产业贡献智慧，或者在就业选择过程中以实际行动支持"绿色"生产企业，壮大"绿色"产业的有生力量。

2. 践行低碳的消费方式。在日常消费生活中，青年群体应树立科学的消费观，做出切合实际的消费预算。在衣食住行方面，做一个理性的消费者，不盲目攀比，倡导节约为荣。低碳消费生活方式从点滴做起：衣着上尽量选择以贴近自然、较少经过化工处理的纯棉衣服为主；饮食方面减少浪费，尽量选择购买没有过度包装、在生产过程中低二氧化碳排放量的低碳食物（如谷物），减少肉类等高碳食物的购买和食用；住所方面，在家中尽量减少家用电器的多余耗电量，用完电器后及时关闭开关，关注垃圾分类等；出行方面，

---

① 李文华. 低碳生活方式的实践形式与技术支撑研究［D］. 南昌：江西农业大学，2012.

尽量选择步行或者非机动车辆，减少私家车的使用，将公共交通工具作为出行首选。低碳生活方式是一种潜移默化的思考方式和行为方式，点点滴滴渗透在我们的日常生活中。

3. 践行低碳的闲暇生活方式。对于充满朝气、思想多元的青年人而言，丰富多彩的闲暇娱乐是必不可少的。基于低碳生活的理念，闲暇时间的娱乐方式便有了更多的绿色选择，休息时间离开电脑、手机、游戏机等耗能工具，可以选择"桌游"等简单有趣的室内娱乐或者骑行、爬山等有益身心的绿色户外运动，在娱乐的同时减少了能耗与碳排放，也增加了闲暇生活的价值和趣味性。

4. 践行低碳的人际交往方式。青年人应积极参与低碳活动，无论是在社区、学校还是在工作单位，举办集体参与的低碳活动都是一次绝佳的宣传低碳生活、弘扬低碳生活理念的机会。青年人在低碳活动中增加了人际交往的同时，也在人际互动中将低碳理念传达给更多的人。为此，青年人应走出家门，积极投入社会的环保公益活动，将自身所学与环保生活相结合，把节能知识与环保理念与更多的人分享，以实际行动履行社会责任，推动低碳生活。

五、基于青年低碳生活偏好的政府政策回应

现代社会瞬息万变，不确定性、风险性和非程序性的公共决策越来越多，对现代手段、方法的应用，未能完全解决公共决策的有效性问题，人的因素尤其是个体心理偏好必然介入、影响公共决策的全过程，理性的人和感性的人交织在一起，个体心理偏好同时影响改变着公共决策①。基于以上，政府应当充分考虑个体的选择性偏好，将其与政策偏好相协调，制定出更加完备的低碳政策来回应这种个体的偏好，从而达到公共利益的最大化。

（一）主动承担政策制定的主导责任，完善低碳的制度框架

作为推行低碳生活和低碳经济的主导力量，政府肩负着双重角色。在国际社会上，政府作为全体国民利益的代言人，与其他国家开展国际领域的对话与谈判，在重大环境与气候会议上代表国家表明立场，争取国家利益，参与全球环境治理。在国内，政府作为平衡经济发展与环境保护的协调者，需要耐心倾听、均衡各利益主体的利益诉求，协调各方利益从而达到公共利益

---

① 朱秦. 影响公共决策的个体心理偏好及其整合 [J]. 理论探讨，2002（2）：65.

的最大化。基于以上双重角色，政府应该明确自身角色定位，肩负起公众所期待的主导者角色，率先垂范，在倡导低碳生活、发展低碳经济方面做出自己的表率。也正是基于上述角色立场，政府应积极回应公众诉求，不断完善低碳政策和制度框架，在现有低碳政策的基础上，加强节能减排法律法规的制定，完善补充与节能减排和保护环境有关的条例，为低碳生活提供政策保障。

（二）平衡各方利益，搭建政府、企业和个人"三位一体"的共生机制

作为国内各方利益的协调者，政府应顺应民意，努力搭建政府、企业和个人三位一体的利益均衡机制。作为低碳经济中的三大利益主体，政府、企业、个人有着不同的利益诉求，政府应明确市场在低碳发展中的基础性作用，构建政府机制与市场机制并驾齐驱的制度框架。在该制度框架中，政府机制起到协调、引导、服务的作用，来保障、推动市场机制的基础性作用发挥，市场机制则起到激励企业创造性、引导个人低碳行为的基础性作用，当市场机制失灵的时候，政府机制便发挥作用保障市场行为的有序进行。这个共生机制的根本立足点在于，政府了解并把握不同利益主体的共同利益点，并协调各方利益，达到公共利益最大化。

（三）构建以低碳技术为核心推动力的低碳产业政策

科技是第一生产力，科学技术的发展极大地推动着社会的进步和改变着人们生活方式。作为一个发展中的能源消耗大国，中国面临着严峻的能源危机和环境危机，这都要求政府必须转变高耗能、高污染的经济增长模式，加快产业升级，向低能耗、低污染、高产出的经济发展方式转变。而达到这一目的的核心办法便是发展低碳技术，推动节能减排技术和其他环保技术的研发，将低碳技术创新作为推动低碳产业的动力和核心竞争力，努力发展有自主产权的低碳技术，来推动产业升级和低碳生活的进步。

（四）完善约束型低碳政策，增加引导型低碳政策的出台

政府在推行低碳政策时，应遵循强制约束型低碳政策与鼓励引导型低碳政策相结合的原则。通过法律手段尽快开展针对低碳经济的立法工作，对于涉及能源、环境、资源开发等领域的法律适当增加有关低碳经济的内容，提高低碳经济的法律地位。建立符合我国国情的碳排放考核制度，严格温室气

体检测和考核制度，将其与政府官员的绩效考核挂钩。抓紧制定和修订节约用电、用水管理办法，通过经济手段和法律手段约束企业和个人的行为，引导其节约能源、减少能耗。在完善强制约束型低碳政策的基础上，政府还应努力构建鼓励引导型低碳政策，通过税收优惠政策来鼓励企业减少能耗和污染物排放，通过节能补贴政策来推动可再生能源项目等绿色项目和产业的发展，通过制定低碳产品消费政策来鼓励、引导消费者购买低碳产品，减少高碳产品的使用，以低碳产品认证制度来促进企业技术产品结构升级和节能减排，引导公众绿色消费意识，营造低碳生活的社会氛围。

（五）加大政策宣传力度，改进低碳政策的宣传方式

在低碳生活和低碳经济的宣传效果方面，公众普遍希望能够提升宣传效果，扩大其社会影响。因此政府应从以下两个方面来增强政策宣传效果：一是加大政策宣传力度，利用新闻媒体来打造良好的舆论效应，引导低碳政策的舆论走向，同时政策宣传应更接地气，走进社区或村庄，真正地走进居民生活，发挥其政策宣传效果；二是应转变低碳政策宣传的方式，改变"喊口号"式流于表面的宣传方式，灵活采用多种宣传途径和宣传工具，开展生动有趣、与居民生活息息相关的讲座和低碳活动，鼓励居民参与低碳志愿活动，将公众真正引入低碳宣传的队伍，让公众在受益的同时提高其自身参与积极性，在丰富多彩的宣传活动中将低碳政策宣传到千家万户，从而达到宣传效果。

第六章　青年低碳生活：公民责任

近年来，民众对环境问题的认识突飞猛进。十几年前，多数人还习惯性地认为，环境保护是政府的事，很少有人想到自己应当而且可以参与环保活动。然而，今天越来越多的人尤其是年轻人认识到环保也是公民责任，开始反思人类活动与自然之间的关系，积极倡导调整生活方式和价值观念，共同参与环境问题的解决。低碳生活是当今人们面对环境和发展困境的一种解决方案，它是生活理念、生活方式，更是公民责任，是公民对环境保护这一公共事务的关注和理性承担。

低碳生活的公民责任是生态文明建设的应然诉求，在实现低碳经济、维护生态平衡、推动生态社会发展中发挥着决定性作用。同时，低碳生活的公民责任也是公民自身权利与价值的实现，对于公众参与意识的培养、参与技能的提高以及公民精神的培育具有非常重要的意义。本章将从青年对低碳生活公民责任的认知、青年对低碳生活公民责任的承担以及低碳生活公民责任的社区实践三个方面，来讨论我国青年低碳生活的公民责任这一问题。

第一节　低碳生活的公民责任

公民责任是指公民履行与其公民身份相适应的、符合社会公共善的义务以及对行为后果的承担①。公民不仅仅是一种法律所规定的身份，更是一种关系的实践，是作为社会的个人与公共事务之间的真实关涉，公民意味着对公共事务的理性承担②。作为拥有公民身份的个体，不仅需要谋求自身的幸福，更要关切他人，乃至整个社会的幸福。公民不能对其他公民和公共事务漠不

① 吴威威. 公民责任：逻辑前提与政治确证［J］. 唐都学刊，2011（1）：22-26.
② 刘铁芳. 学校公共生活的扩展与学生公民人格的形成：以公共理性与公民责任为中心［J］. 湖南师范大学教育科学学报，2013（3）：60-68.

关心，而要积极表达出对公共事务的观点和看法，主动地对公共利益进行维护，社会才能得以良性运行和发展。公民身份不仅意味着对社会的责任，而且还意味着对自然的责任。低碳生活的公民责任意味着公民意识到个人之于环境的责任，并主动承担起低碳生活的社会责任。

一、青年对低碳生活公民责任的认知

公民责任是由公民身份所建构的，其最重要的特征就是公共性。公民责任并不是从私人领域中产生，而是生成在一个公共领域当中。它所追求的不仅仅是个人利益，而是全体公民的利益，它是公民对国家、社会和他人的责任①。低碳生活的公民责任是对地球整体具有完善的情感并对自然界充分认识的结果，它首先表现为公民对环境和低碳生活这一公共事务充满情感的关注和责任，这意味着超越自我个人生活的视界，从他人、社会乃至未来的角度，对环境和低碳生活予以关注和承担。

表6-1是青年对环境问题的一些看法，由表可知，对于"气候变暖是全人类面临的共同挑战"，表示"非常同意"的占大多数，达65.8%，表示"比较同意"的占29.7%，二者合计达到95.5%；对于"每个人在日常生活中都应该对环境负责"表示"非常同意"和"比较同意"的合计达94.0%；对于"我们今天保护好环境，子孙后代就会从中受益"表示"非常同意"和"比较同意"的合计达94.3%。以上数据表明，超过九成的青年认识到环境问题不是"他人瓦上霜"，而是与社会利益、公共利益和长远利益密切相关的事。

表6-1 青年对环境问题的认知（%）

	非常同意	比较同意	不大同意	很不同意	说不清
气候变暖是全人类面临的共同挑战	65.8	29.7	3.1	0.6	0.8
每个人在日常生活中都应该对环境负责	63.8	30.2	4.5	1.0	0.4
我们今天保护好环境，子孙后代就会从中受益	66.5	27.8	3.9	0.8	1.0

表6-2是青年对低碳生活的一些看法，由表可知，对于"低碳与我们的

① 王结发. 公共理性：社会和谐的一个维度 [D]. 上海：复旦大学，2010：59-63.

生活息息相关"，表示"非常同意"的占大多数，达 71.4%，表示"比较同意"的占 24.0%，二者合计达 95.4%；对于"低碳生活是人类存在发展的基础"表示"非常同意"和"比较同意"的合计达 86.6%。这表明，绝大多数青年能够从对社会生活和人类发展有益的角度看待低碳生活，而不仅仅是着眼于个人或特定群体的利益。

表 6-2 青年对低碳生活的认知（%）

	非常同意	比较同意	不大同意	很不同意	说不清
低碳与我们的生活息息相关	71.4	24.0	3.2	0.5	0.9
低碳生活是人类存在发展的基础	51.5	35.1	9.4	2.0	2.0

可见，在认知层面，绝大多数青年已经将保护环境和低碳生活视为公民责任。2014 年 4 月，第十二届全国人民代表大会常务委员会通过新修订的《环境保护法》。新法规定："公民应当增强环境保护意识，采取低碳、节俭的生活方式，自觉履行环境保护义务。"这标志着低碳生活、保护环境从自觉自愿的行为上升为公民应当履行的法律义务。低碳生活公民责任的法律化明确了公民作为环境责任的主体，有助于提高公民责任意识，并对公民责任承担起到规范和强制作用。

为了对不同群体的环境和低碳生活公民责任认知进行比较，我们对环境和低碳生活公民责任认知的上述 5 个题目的回答进行赋值，回答非常同意、比较同意、说不清、不大同意、很不同意，依次赋分值 5、4、3、2、1，将被试在这 5 个问题上的得分相加，生成"低碳生活公民责任认知"变量，取值范围 5—25 分，得分 5—15 分为认知程度低，得分 16—20 分为认知程度中等，得分 21—25 分为认知程度高。表 6-3 呈现了分组比较的结果。由表可知：

（1）青年对低碳生活公民责任的认知存在非常显著的性别差异，女性的认知程度高于男性。

（2）不同政治面貌的青年对低碳生活公民责任的认知存在非常显著的差异，中共党员的认知程度高于共青团员、群众和民主党派成员，民主党派成员的认知程度最低。

（3）青年对低碳生活公民责任的认知存在显著的年龄差异，14—17 周岁组的认知程度高于其他年龄组。

（4）不同文化程度的青年对低碳生活公民责任的认知存在非常显著的差

异，本科/双学士及以上群体的认知程度高于本科以下的群体。

表6-3 青年对低碳生活公民责任认知的分类比较

不同属性	对低碳生活公民责任的认知程度（%）			x^2	P
	低	中	高		
总体	2.9	17.8	79.3		
男	3.5	23.2	73.3	46.375	0.000
女	2.4	13.6	84.1		
中共党员	1.9	16.7	81.4		
民主党派成员	18.2	30.3	51.5	41.475	0.000
共青团员	2.6	18.0	79.4		
群众	4.4	19.3	76.3		
14—17周岁	1.0	12.0	87.0		
18—24周岁	3.2	18.8	78.0	16.014	0.014
25—29周岁	2.3	19.6	78.1		
30—35周岁	3.4	16.8	79.8		
初中及以下	6.1	14.8	79.1		
高中/职高	4.2	18.6	77.2		
大专/高职	4.2	18.3	77.6	23.973	0.008
本科/双学士	1.4	17.7	80.9		
硕士及以上	3.3	17.8	79.3		

二、青年对低碳生活公民责任的价值认同

公民责任始自对公民责任基本价值的认同，这意味着公民要能将个体置于与他人、世界的关系之中，充分认识到个体与他人和周遭事物的深切联系，并认识到个体对他人和社会生活的价值所在。由表6-4可见，对于"普通民众拥有改变未来的力量"，表示"非常同意"的有37.7%，表示"比较同意"的最多，有41.6%，二者合计达到79.3%。反之，对于"个人的低碳行为对环境的好转没有作用"表示同意的合计只有31.0%，对"个人行为的好坏，对整体环境和自然资源不会有影响"表示同意的合计有27.4%，对"即使每

个人都能过低碳生活，合起来的效果也不明显"表示同意的合计有 27.4%。

表6-4 青年对低碳生活公民责任的价值认同（%）

	非常 同意	比较 同意	不大 同意	很不 同意	说不清
个人的低碳行为对环境的好转没有作用	16.0	15.0	37.1	30.2	1.7
个人行为的好坏，对整体环境和自然资源不会 有影响	11.7	15.7	35.4	35.8	1.3
即使每个人都能过低碳生活，合起来的效果也 不明显	11.0	16.4	35.3	35.5	1.8
普通民众拥有改变未来的力量	37.7	41.6	12.0	4.3	4.4

这些数据表明，大多数青年认同低碳生活中公民责任的价值，但也有近三成的青年对低碳生活公民责任的价值认识不足，看法消极。这一方面是因为，部分青年对环境问题的了解主要来自外部的宣传和教育，缺乏对环境问题的深入认识和探究，难以看到问题的源头。另一方面，环境问题的形成往往是众人合力的结果，每个人只占微乎其微的一部分，这很容易让人误以为，大的环境问题和小的个人行为之间无关。人们的逻辑通常是"就算我改变，可大多数人不改变，问题还是不会得到解决"，却有意无意忽略了"如果我不改变，我就是问题的制造者之一"。对公民责任的价值认同能够让关心环保的公众变得更加主动，从自身开始去解决环境问题，真心实意践行低碳生活。因此，无论在制定环境政策还是开展环保活动时，应将提高价值认同作为重点考虑的因素。

为了进一步分析不同群体青年对低碳生活公民责任的价值认同，我们对上述 4 个题目的回答进行赋值，对于"普通民众拥有改变未来的力量"回答非常同意、比较同意、说不清、不大同意、很不同意，依次赋分值 5、4、3、2、1，对其他三个反向陈述回答非常同意、比较同意、说不清、不大同意、很不同意，依次赋分值 1、2、3、4、5，将被试在这 4 个问题上的得分相加，生成"低碳生活公民责任的价值认同"变量，取值范围 1—20 分，得分 1—12 分为价值认同低，得分 13—16 分为价值认同中等，得分 17—20 分为价值认同高。表 6-4 呈现了分组比较的结果。由表可知：

（1）青年对低碳生活公民责任的价值认同存在非常显著的性别差异，女性的价值认同高于男性。

（2）不同政治面貌的青年对低碳生活公民责任的价值认同存在非常显著的差异，中共党员的价值认同高于共青团员、群众和民主党派成员，民主党派成员的价值认同最低。

（3）青年对低碳生活公民责任的价值认同存在显著的年龄差异，14—17周岁组的价值认同高于其他年龄组。

（4）不同文化程度的青年对低碳生活公民责任的价值认同存在显著的差异。本科/双学士组的价值认同最高，初中及以下组的价值认同最低。

表6-5　青年对低碳生活公民责任价值认同的分类比较

不同属性	对低碳生活公民责任的认知程度（%）			x^2	P
	低	中	高		
总体	31.4	28.7	39.9		
男	36.9	26.7	36.4	36.843	0.000
女	26.2	30.8	43.0		
中共党员	30.1	29.0	40.9		
民主党派成员	57.1	22.9	20.0	20.991	0.002
共青团员	30.5	27.6	41.8		
群众	34.5	31.5	34.0		
14—17周岁	28.1	20.8	51.1		
18—24周岁	34.1	26.7	39.2	29.505	0.000
25—29周岁	29.8	31.4	38.8		
30—35周岁	30.3	32.8	36.9		
初中及以下	40.0	25.6	34.4		
高中/职高	32.8	26.1	41.1		
大专/高职	32.7	32.4	34.8	22.346	0.013
本科/双学士	30.0	27.5	42.5		
硕士及以上	26.1	34.0	39.9		

三、青年对低碳生活公民责任的理性认同

公民责任是具有自主性的公民之间所达成的理性共识，是对公共生活规

则的理性认同，而不仅仅是一种个人情感偏好。对青年倡导低碳生活方式原因的调查表明，青年将低碳生活的社会责任放在首位，表现出对低碳生活公民责任的理性认同。由图6-1可知，72.4%的青年倡导低碳生活方式是出于社会责任，这是排在第一位的原因；排第二到第四位的原因依次是：生态文明价值观、对于地球未来的责任、对下一代人的责任，选择率也都在四成以上；而随大流、追求时髦等原因排在最后，且选择率不足一成。面对社会日新月异的变化，对流行和时尚的追逐，容易使公共生活流于花哨和浮躁；而对低碳生活公民责任的理性认同，则使民众能够超越对流行和时尚的追逐，洞悉社会发展的方向，理解并长期坚守低碳生活的责任。

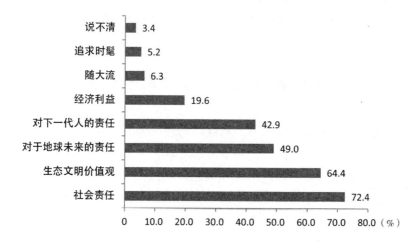

图6-1 青年倡导低碳生活方式的原因

四、青年对低碳生活建设中政府和公民责任分担的认识

低碳生活的公民责任意味着个体对建设低碳生活中的政府与公民的责任分担有理性认识。在建设低碳生活的过程中，政府往往担负着主要责任，但如果没有公民的支持和配合，政府将难以实现环境问题的有效治理，责任分担是积极发挥各自功能的前提。本次调查发现（见图6-2），73.4%的青年认为在建设低碳生活中政府应发挥主导作用，居各社会力量之首，其次是新闻媒体（51.5%），普通公民排在第三位（37.4%）。这说明，绝大多数青年认同政府在建设低碳生活中负有主要责任，但对公民责任的承担略显不足，反而将较多的责任赋予媒体。

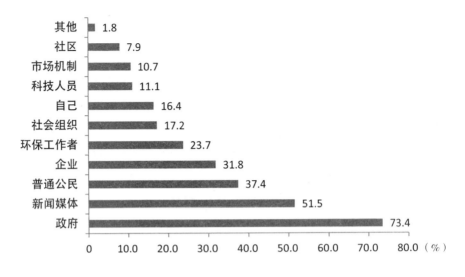

图 6-2　青年对建设低碳生活中各社会力量的主导作用的认识

　　造成这一现象的因素有很多。从政府的角度来看，长期以来，政府习惯于集权管理，包揽着全部社会公共事务的管理，公众既无从获取全面的环境信息，也缺少表达意见和建议的有效渠道；从公民个体的角度来看，公民自身也有自利倾向，在环境问题的解决上处于被动状态，过于依赖政府。例如本次调查发现，71.6%的青年赞同"只有党和政府带头实行低碳，公众才会自觉地低碳"。以上诸多因素导致公民的责任意识和责任能力没能得到有效地提升，限制了公民在建设低碳生活中的责任承担。

　　公众是构建低碳生活方式的主力，公众的责任意识和观念在推进低碳生活方式的过程中发挥着积极的主观能动作用。今后，仍需通过各种手段强化节能减排的宣传和教育，激活和树立公众的低碳观念与意识，促进公民对环境保护和低碳经济社会发展的参与意识①。

第二节　低碳生活的青年责任

　　切实的行动是公民责任的核心。仅仅认识到自我身上的责任是不够的，

---

① 联合国开发计划署编. 中国人类发展报告 2009/10：迈向低碳经济和社会的可持续未来[M]. 北京：中国对外翻译出版公司，2010：80.

更重要的是行动。低碳生活的公民责任，在更实质意义上是一种社会参与。青年是世界的未来和希望，是社会问题的关注者、思考者、解决者和社会责任的承担者，是生活方式变革的重要推动力量，肩负重大责任。

一、当代青年对低碳生活中青年群体责任的承担

青年群体尤为关心环境保护问题。联合国大会1995年通过的《到2000年及其后世界青年行动纲领》早就指出："自然环境恶化是世界各地青年人关心的主要问题，因为它对他们现在和未来的福祉有直接影响。……虽然社会各阶层都有责任维持社区的环境完整，但是青年特别关注要维持健康的环境，因为他们是继承这个环境的人。"

当代青年认为青年是社会群体中低碳意识最强的群体，由图6-3可知，约半数青年认为低碳意识最强的社会群体是青年人，第二是老年人，第三是少年儿童，中年人排在最后。

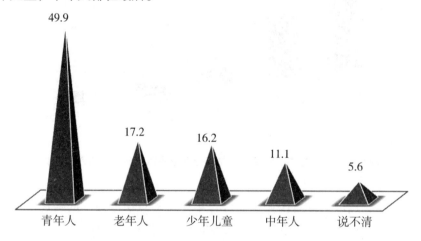

图6-3　青年认为低碳意识最强的社会群体（％）

当代青年也认为青年是在推进低碳生活方式中负有最大责任的群体。由图6-4可知，近七成青年认为青年人在推进低碳生活方式中负有最大责任，第二是中年人，第三是少年儿童，排在最后的是老年人。

同样，当代青年认可青年是践行低碳生活方式的先行者。由图6-5可知，对于"青年应该率先践行低碳生活方式"，表示非常同意的最多，占59.0%，表示比较同意的有31.9%，二者合计达到90.9%。

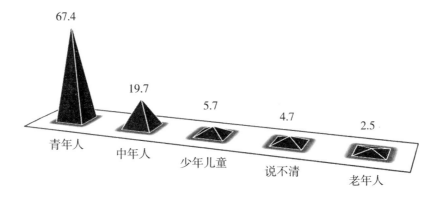

图 6-4 青年认为推进对低碳生活方式负有最大责任的社会群体（%）

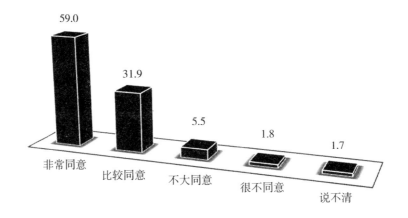

图 6-5 青年对"青年应该率先践行低碳生活方式"的态度（%）

从以上三点可见，当代青年认可青年是低碳意识最强、低碳责任最大的群体，并认为青年应承担率先践行低碳生活方式的社会责任。

二、青年履行低碳生活公民责任的意愿

责任的履行往往意味着付出和担当。青年对低碳生活公民责任的履行要求青年能够超越对个人利益的狭隘关注，主动地对公共利益进行维护。

本次调查通过"为了保护环境而需要牺牲一些个人收入""为日常消费而产生的二氧化碳付费""为降低碳排放而改变自己的生活习惯""以植树方式来补偿个人日常生活碳排放"四个指标来衡量青年履行低碳生活公民责任的

意愿。由表6-6可知，对于"为了保护环境而需要牺牲一些个人收入"，表示"很愿意"的占16.5%，表示"比较愿意"的最多，占45.9%，两者相加为62.4%。对于"为日常消费而产生的二氧化碳付费"，表示"很愿意"的占10.9%，表示"比较愿意"的占34.4%，两者相加为45.3%。对于"为降低碳排放而改变自己的生活习惯"，表示"很愿意"的占23.2%，表示"比较愿意"的最多，占54.6%，两者相加为77.8%。对于"以植树方式来补偿个人日常生活碳排放"，表示"很愿意"的最多，占52.5%，表示"比较愿意"的占38.5%，两者相加为91.0%。

可以发现，相对"为二氧化碳付费"和"为环保牺牲个人收入"，大多数青年人更愿意选择植树、改变生活习惯等方式来履行低碳生活责任。这一倾向反映了人们对于低碳生活成本的考虑。所以，政府在制定政策引导青年低碳生活时需要充分考虑到他们关于行动成本的认识。

表6-6 青年履行低碳生活公民责任意愿表现（%）

	很愿意	比较愿意	不大愿意	很不愿意	说不清
为了保护环境而需要牺牲一些个人收入	16.5	45.9	24.2	7.4	5.9
为日常消费而产生的二氧化碳付费	10.9	34.4	37.2	12.4	5.1
为降低碳排放而改变自己的生活习惯	23.2	54.6	15.2	3.6	3.4
以植树方式来补偿个人日常生活碳排放	52.5	38.5	5.6	1.6	1.8

为了进一步分析不同群体青年对履行低碳生活公民责任的意愿，我们对上述4个题目的回答进行赋值，回答很愿意、比较愿意、说不清、不大愿意、很不愿意，依次赋值值5、4、3、2、1，将被试在这4个问题上的得分相加，生成"履行低碳生活公民责任的意愿"变量，取值范围1—20分，得分1—12分为意愿低，得分13—16分为意愿中等，得分17—20分为意愿高。表6-7呈现了分组比较的结果。由表可知：

（1）青年履行低碳生活公民责任的意愿存在非常显著的性别差异，女性高于男性。

（2）不同政治面貌的青年履行低碳生活公民责任的意愿存在非常显著的差异，中共党员的意愿高于共青团员、群众和民主党派成员，民主党派成员的履行意愿最低。

（3）青年履行低碳生活公民责任意愿存在非常显著的年龄差异，14—17

周岁组高于其他年龄组。

（4）不同文化程度的青年履行低碳生活公民责任的意愿存在非常显著的差异，初中及以下组低于其他各组。

表 6-7　青年履行低碳生活公民责任的意愿的分类比较

不同属性	履行低碳生活公民责任的意愿（%）			x^2	P
	低	中	高		
总体	28.4	44.0	27.6		
男	32.2	40.2	27.7	18.343	0.000
女	25.5	47.0	27.5		
中共党员	23.4	44.0	32.6		
民主党派成员	55.9	29.4	14.7	58.426	0.000
共青团员	27.5	45.1	27.3		
群众	38.5	44.0	27.6		
14—17 周岁	18.6	49.5	31.9		
18—24 周岁	28.2	44.0	27.8	18.752	0.005
25—29 周岁	29.8	44.6	25.6		
30—35 周岁	30.0	41.5	28.5		
初中及以下	42.1	39.7	18.2		
高中/职高	28.2	42.5	29.3		
大专/高职	33.0	39.6	27.4	35.524	0.000
本科/双学士	24.7	47.1	28.2		
硕士及以上	29.9	46.1	24.0		

三、青年履行低碳生活公民责任愿意支付的经济成本

经济成本是青年履行低碳生活公民责任时重点考虑的因素之一。图 6-6 呈现了青年愿意为之付出的经济成本。由图可知，相比功能类似的正常能耗产品，27.8% 的青年不愿意为购买节能产品多花钱，25.0% 愿意多花的钱在 5% 及以下，26.1% 愿意多花的钱在 5%—10%，13.3% 愿意多花的钱在 10%—20%，只有 7.8% 的青年愿意多花 20% 以上的钱来购买节能产品。由此可以看

出，当节能产品的价格与能耗产品的价格之间的差额不太大时，大多青年愿意为节能产品付费更多一些，而如果价格相差过大时，青年会对节能产品望而却步。

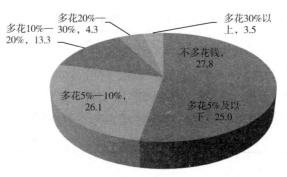

图 6-6　青年愿意多花钱购买节能产品的情况（%）

不同群体的青年愿意付出的经济成本有显著差异。详见表 6-8。

表 6-8　青年愿意多花钱购买节能产品的分类比较

不同属性	愿意多花钱购买低能产品（%）						x^2	P
	不多花钱	多花 5%及以下	多花5%—10%	多花10%—20%	多花20%—30%	多花30%以上		
总体	27.8	25.0	26.1	13.3	4.3	3.5		
男	28.9	26.5	21.9	14.2	4.8	3.7	21.170	0.001
女	26.8	23.8	29.5	12.6	3.9	3.5		
中共党员	26.1	27.9	24.4	15.2	3.7	2.8		
民主党派成员	22.9	40.0	17.1	14.3	2.9	2.9	35.503	0.002
共青团员	27.2	23.5	28.2	12.6	4.2	4.4		
群众	33.1	22.4	23.7	12.8	6.1	1.9		
14—17 周岁	28.6	18.1	30.8	13.7	3.8	5.1		
18—24 周岁	26.9	25.6	27.2	11.6	5.0	3.8	34.906	0.003
25—29 周岁	27.0	26.0	27.2	14.2	2.9	2.6		
30—35 周岁	30.1	25.3	20.8	13.9	5.9	4.1		

续表

不同属性	愿意多花钱购买低能产品（%）						x^2	P
	不多花钱	多花5%及以下	多花5%—10%	多花10%—20%	多花20%—30%	多花30%以上		
初中及以下	45.2	14.5	21.8	12.1	3.2	3.2		
高中/职高	30.2	22.1	25.1	14.4	3.9	4.1		
大专/高职	30.1	24.2	24.5	12.8	4.2	4.2	44.143	0.010
本科/双学士	24.2	27.4	27.5	13.0	4.7	3.2		
硕士及以上	26.1	26.1	26.8	15.7	3.9	1.3		

（1）青年履行低碳生活公民责任愿意支付的经济成本存在非常显著的性别差异，愿意支付5%—10%成本的女性多于男性，而愿意支付极少或极高成本的男性多于女性。

（2）不同政治面貌的青年履行低碳生活公民责任愿意支付的经济成本存在非常显著的差异，中共党员和共青团员愿意支付的成本较高，民主党派成员最愿意支付5%左右的成本，群众不愿意多花钱的比例最高。

（3）青年履行低碳生活公民责任愿意支付的经济成本存在非常显著的年龄差异，14—17周岁组愿意支付5%—10%经济成本的占比明显高于30—35周岁组。

（4）不同文化程度的青年履行低碳生活公民责任愿意支付的经济成本存在显著的差异，初中及以下青年不愿意多花钱的比例较本科/双学士青年高21个百分点。

四、青年履行低碳生活公民责任的障碍

履行公民责任意味着不断行动，而行动就意味着要对抗加在个人责任之上的各种阻力。履行低碳生活公民责任要求青年能够克服各种障碍因素，持之以恒地坚持低碳生活方式。只有弄清楚影响青年履行低碳生活公民责任的因素有哪些，才能制定针对性和有效性的政策，引导青年在生活中践行低碳生活方式。

图6-7列出了青年不愿实践低碳生活方式的一些主要原因，其中，排在第一位的因素是嫌麻烦，第二是需要改变原来的生活习惯，第三是会花费更

多金钱，选择率均在四成以上。可见，行为便利程度、传统生活习惯和个体经济利益等个体实施成本因素是影响青年履行低碳生活责任的三个最重要因素。个体实施成本是影响公众实践低碳生活方式的内部因素，它影响着公众的低碳责任意识与低碳行为之间的关系。如果实施低碳生活方式的成本过高，那么公众是不可能长期实行低碳生活方式的。政府应通过多层面的政策措施，如配套设施、产品条件、技术支撑、行政约束等，确保公众实施低碳生活方式简单便利、成本低①。

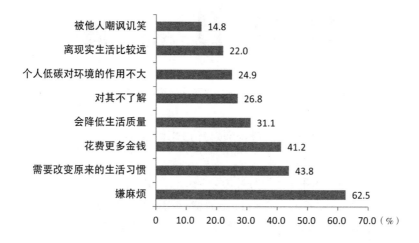

图 6-7　青年不愿实践低碳生活的主要原因

五、青年对低碳生活公民责任的关注和践行

（一）青年对低碳生活公民责任的关注

关注自己的消费行为对环境造成的影响，是青年履行低碳生活公民责任的一个具体表现。图 6-8 是青年对"自己消费行为对环境造成影响"的关注程度。由图可知，对于"自己消费行为对环境造成影响"比较关注的最多，占 42.8%，非常关注的有 8.8%，二者合计为 51.6%；而明确表示不关注（不太关注或从不关注）的则高达 44.0%。可以发现，仅有一半青年关注自己消

①　王建明，王俊豪. 公众低碳消费模式的影响因素模型与政府管制政策——基于扎根理论的一个探索性研究 [J]. 管理世界，2011（4）：58-68.

费行为对环境造成的影响。这说明尽管青年有较高的低碳生活公民责任意识，但日常生活践行公民责任的情况与其认识尚有较大差距。

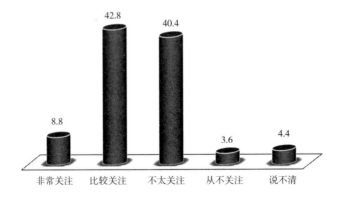

图 6-8　青年对自己消费行为对环境影响的关注度（%）

不同群体的青年对自己消费行为对环境影响的关注度有显著差异。表 6-9 的数据显示：

（1）青年对自身消费行为对环境影响的关注度的性别差异不显著。

（2）不同政治面貌的青年对自身消费行为对环境影响的关注度存在非常显著的差异，群众的关注度明显低于中共党员、民主党派成员和共青团员。

（3）青年对自身消费行为对环境影响的关注度存在非常显著的年龄差异，18—24 周岁组的关注度最高。

（4）不同文化程度的青年对自身消费行为对环境影响的关注度存在显著的差异，硕士及以上群体表示"比较关注"的比例较初中及以下青年高 16.4 个百分点。

表 6-9　青年对自身消费行为对环境影响的关注度的分类比较

不同属性	对自身消费行为对环境影响的关注（%）					x^2	P
	非常关注	比较关注	不太关注	从不关注	说不清		
总体	8.8	42.8	40.4	3.6	4.4		
男	9.8	42.6	39.0	4.1	4.4	6.893	0.142
女	7.7	42.8	41.9	3.1	4.5		

不同属性	对自身消费行为对环境影响的关注（%）					x^2	P
	非常关注	比较关注	不太关注	从不关注	说不清		
中共党员	9.3	49.2	34.8	3.1	3.7		
民主党派成员	11.4	48.6	22.9	11.4	5.7	54.120	0.000
共青团员	8.5	41.0	43.6	2.9	4.1		
群众	8.8	35.6	42.8	5.9	6.9		
14—17 周岁	7.8	42.0	42.0	4.1	4.1		
18—24 周岁	10.6	43.3	39.4	3.3	3.3	30.898	0.002
25—29 周岁	6.9	43.4	42.6	2.1	5.1		
30—35 周岁	9.9	42.0	37.0	5.7	5.4		
初中及以下	7.1	31.0	39.7	12.7	9.5		
高中/职高	9.9	42.1	39.8	4.3	3.9		
大专/高职	6.9	41.3	43.0	3.3	5.5	59.576	0.000
本科/双学士	9.7	44.2	39.6	2.8	3.6		
硕士及以上	7.8	47.4	38.3	1.9	4.5		

（二）青年对低碳生活方式的践行

总体而言，青年对低碳生活方式的践行尚处于起步阶段。由图 6-9 可知，

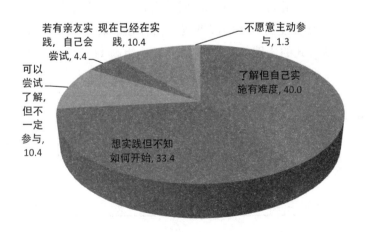

图 6-9 青年低碳生活实践情况（%）

表示"了解但自己实施有难度"的青年最多，占 40.0%，表示"想实践但不知如何开始"的青年数量居第二，占 33.4%，二者合计达到 73.4%，这表明，七成多的青年对低碳生活的实践尚处于意向阶段。而"现在已经在实践"的青年仅占 10.4%。"知易行难""关注但不参与"的问题在青年履行低碳生活公民责任的过程中普遍存在。从制度层面看，这说明当前的制度并未能很好地激励群体行为的产生；从公众心理看，这也是一种"看别人"式的从众心理在作祟，大多数人尚在权衡低碳生活的成本和收益，期望别人做出有益环境的行为而自己受益，导致"免费搭车者"盛行，这将不利于社会整体利益。因此，仍需不断推广和完善公众参与环境保护的理念，强化公民责任，加强低碳生活方式的宣传和教育，尤其是增加公众对低碳行为、方法的认知，将低碳措施细化到衣食住行，促进自觉的低碳行为。

不同群体的青年履行低碳生活责任、实践低碳生活的比例有显著差异。表 6-10 的数据显示：

（1）青年实践低碳生活的性别差异显著，女性已经在采用低碳生活方式的比例较男性高 2.8 个百分点。国内外的很多研究发现，女性较男性更多地参与环境保护，这在本研究中得到了证实。应更好地发挥女性在低碳生活和环境保护方面的引领作用，带动整个社会更广泛地参与到低碳生活方式的建设中来。

（2）不同政治面貌的青年实践低碳生活存在非常显著的差异，中共党员已经在实践低碳生活方式的比例最高，较共青团员高 5.7 个百分点。

（3）青年实践低碳生活的年龄差异非常显著，25—29 周岁组已经在实践低碳生活方式的比例最高，较 18—24 周岁组高 7.7 个百分点。

（4）不同文化程度的青年实践低碳生活存在显著的差异，硕士及以上群体实践低碳生活方式的比例最高，较高中/职高组高 11.1 个百分点。

表 6-10 青年实践低碳生活的分类比较

不同属性	实践低碳生活（%）						x^2	P
	1	2	3	4	5	6		
总体	40.0	33.4	10.4	4.4	10.4	1.3		
男	40.1	32.9	12.1	4.6	9.0	1.4	11.688	0.039
女	39.9	34.0	8.9	4.3	11.8	1.2		

续表

不同属性	实践低碳生活（%）						x^2	P
	1	2	3	4	5	6		
中共党员	42.2	30.6	9.3	3.5	13.7	0.7	36.682	0.001
民主党派成员	30.0	43.3	6.7	10.0	10.0	0		
共青团员	40.8	34.2	10.8	4.6	8.0	1.6		
群众	34.6	35.1	11.6	5.5	11.4	1.8		
14—17 周岁	45.5	31.0	7.9	4.6	8.9	2.0	44.284	0.000
18—24 周岁	40.7	34.7	12.7	4.8	6.2	0.8		
25—29 周岁	37.9	31.9	10.0	4.5	13.9	1.7		
30—35 周岁	39.8	34.5	8.9	3.8	12.0	1.0		
初中及以下	41.5	33.9	6.8	5.9	10.2	1.7	41.064	0.023
高中/职高	39.6	36.5	9.0	5.1	8.2	1.6		
大专/高职	39.2	34.4	11.7	5.0	8.5	1.3		
本科/双学士	39.7	33.2	11.0	3.6	11.3	1.3		
硕士及以上	46.2	20.7	8.3	5.5	19.3	0		

注：1代表"了解但自己实施有难度"；2代表"想实践但不知从何开始"；3代表"可以尝试了解，但不一定参与"；4代表"若有亲友实践，自己会尝试"；5代表"现在已经在实践"；6代表"不愿意主动参与"。

第三节　低碳生活的社区责任

社区是在一定地域范围内生活的人们所形成的一种具有文化维系力与互动关系的社会生活共同体，是社会活动、空间互动的基本单位。社区的属性特征、形态和功能决定了它是培养公众的低碳理念和低碳行为的最适宜的空间，也是公众履行公民责任、实践公民参与的最基本的场所。低碳生活方式的形成，需要以社区为依托来介入人们的日常生活，在日常生活中渗透和浸入人们的日常行为之中。

一、社区低碳活动的开展情况

由于社区是最基本的行政单位和社会功能单位，承担着管理区内经济、社会、生态协调发展的多种功能，内容包罗了诸如人口控制、环境绿化、垃圾回收、能源节约、绿色出行、简约消费等低碳生活的各个方面，因此可以从多种途径开发、组织丰富的低碳活动。但目前的实际情况似乎不尽如人意。

图6-10是最近一年社区/单位开展与"低碳"有关的活动的统计情况。由图可知，在最近的一年里，4.7%的青年所在社区或单位开展了10次以上与低碳有关的活动，7.1%的青年所在社区或单位开展了6—9次，18.3%的青年所在社区或单位开展了3—5次，24.3%的青年所在社区或单位开展了1—2次，合计开展低碳活动1次以上的为54.4%。而没有开展任何低碳活动的有33.4%，另外还有12.2%的青年"说不清"最近一年里所在社区或单位是否开展过有关"低碳"的活动。从统计数据上看，青年所在的社区或单位开展有关低碳活动的次数并不多，开展过低碳活动的仅占一半，且以一两次居多。

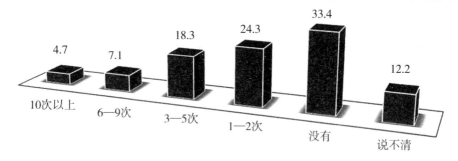

图6-10 最近一年社区/单位开展与低碳有关活动的情况（%）

二、青年参与社区低碳活动的状况

由传统生活方式向低碳生活方式转型是一种社会运动，它的全面实施不仅要求自上而下的政府发动，也要求自下而上的社会公共参与。由社区而始的各种组织、动员、参与、自助与合作等低碳学习、教育和行动的过程，正是由下而上不可低估的低碳环保社会力量。

图6-11是青年对所在社区或单位开展的"低碳生活"环保活动的参与情况统计。由图可知，32.6%的青年"小部分参加"自己社区或单位组织的

"低碳生活"环保活动，所占比例最高，24.1%的青年"大部分参加"，只有7.5%的青年"全部参加"自己社区或单位组织的低碳生活环保活动，以上参加社区或单位组织的低碳活动的比例总计达64.2%。而"从不参加"自己社区或单位组织的低碳生活环保活动的青年有12.1%，另还有23.6%的青年对于自己社区或单位组织的低碳生活环保活动根本"不了解情况"。总体来看，青年对本社区或单位开展的"低碳生活"环保活动的参与程度还有待于进一步提高。同时，社区或单位应在这方面加强宣传和动员工作，以便让更多的人了解情况并积极参与其中。

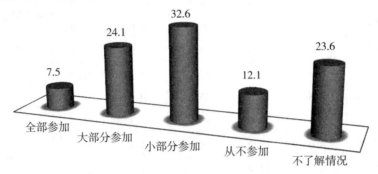

图6-11 青年参与社区/单位开展的低碳活动的情况（%）

通过刈不同群体的青年参与社区/单位开展的低碳活动的情况比较发现（参见表6-11）：

（1）不同性别、不同文化程度的青年参与社区/单位开展的低碳活动的差异不显著。

（2）不同政治面貌的青年参与社区/单位开展的低碳活动存在非常显著的差异，中共党员的全部参与和大部分参与的比率最高。

（3）青年参与社区/单位开展的低碳活动的年龄差异非常显著，18—24周岁组大部分参与的比率最高，14—17周岁组则最低。

表6-11 青年参与社区/单位开展的低碳活动的分类比较

不同属性	参与社区低碳生活（%）					x^2	P
	全部参加	大部分参加	小部分参加	从不参加	不了解		
总体	7.5	24.1	32.6	12.1	23.6		

续表

不同属性	参与社区低碳生活（%）					x^2	P
	全部参加	大部分参加	小部分参加	从不参加	不了解		
男	6.8	24.8	34.3	12.6	21.5	8.518	0.074
女	7.8	23.6	31.5	11.6	25.5		
中共党员	9.7	27.7	29.4	10.5	22.7	63.933	0.000
民主党派成员	8.6	25.7	37.1	14.3	14.3		
共青团员	6.4	24.1	36.5	11.0	22.0		
群众	6.7	18.3	26.7	17.9	30.4		
14—17周岁	6.9	19.4	38.6	11.9	23.2	35.612	0.000
18—24周岁	7.8	26.5	35.2	10.6	20.0		
25—29周岁	6.6	25.7	30.7	12.3	24.7		
30—35周岁	9.0	20.7	28.4	14.4	27.6		
初中及以下	6.3	21.4	32.5	13.5	26.2	17.149	0.643
高中/职高	8.4	20.5	34.3	13.0	23.8		
大专/高职	7.3	23.6	31.6	12.7	24.8		
本科/双学士	7.5	26.6	32.2	10.9	22.8		
硕士及以上	6.6	20.4	34.2	15.8	23.0		

三、青年参与环保社团或网络环保组织的状况

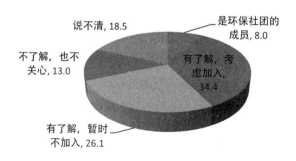

图6-12　青年参与环保社团或网络环保组织的情况（%）

近年来，各种民间环保组织日趋活跃，参与环保社团成为青年实现社会参与、履行公民责任的重要途径。

图 6-12 是青年对环保社团或网络环保组织的参与情况。由图可知，有 8.0% 的青年"是环保社团的成员"，34.4% 的青年对环保社团"有了解，考虑加入"，26.1% 的青年"有了解，暂时不加入"，13.0% 的青年"不了解，也不关心"，还有 18.5% 的青年表示"说不清"。从数据来看，青年对于环保社团的了解程度较高，也有一定的参与意愿，但实际参与情况还有待进一步提高。

不同群体的青年参与环保社团或网络环保组织的情况有显著差异。详见表 6-12。

表 6-12　青年参与环保社团或网络环保组织情况的分类比较

不同属性	参与环保社团或网络环保组织（%）					x^2	P
	已经参加	考虑加入	暂不加入	不关心	说不清		
总体	8.0	34.4	26.1	13.0	18.5		
男	8.3	37.0	25.0	13.0	16.6	10.975	0.027
女	7.8	31.9	27.1	13.2	20.0		
中共党员	8.5	36.5	25.7	13.0	16.3	36.910	0.000
民主党派成员	8.6	62.9	14.3	5.7	8.6		
共青团员	7.9	35.0	26.3	11.9	18.9		
群众	7.3	26.3	27.6	16.5	22.3		
14—17 周岁	10.3	27.3	29.5	13.5	19.4	31.034	0.002
18—24 周岁	9.2	37.6	24.5	11.2	17.4		
25—29 周岁	5.7	36.1	26.0	13.1	19.1		
30—35 周岁	8.6	30.1	26.8	15.4	19.0		
初中及以下	9.6	31.2	23.2	12.0	24.0	32.509	0.038
高中/职高	10.6	31.7	23.8	12.1	21.8		
大专/高职	6.9	35.3	24.5	12.3	21.1		
本科/双学士	7.1	35.7	27.9	13.7	15.6		
硕士及以上	10.4	31.8	27.9	13.6	16.2		

（1）青年参与环保社团或网络环保组织的性别差异显著，男性已经加入

和考虑加入环保社团的比例高于女性。

（2）不同政治面貌的青年参与环保社团或网络环保组织存在非常显著的差异，民主党派成员考虑加入环保社团的比例高达62.9%，明显高于其他群体，较中共党员高26.4个百分点，较共青团员约高28个百分点，较群众约高37个百分点。

（3）青年参与环保社团或网络环保组织的年龄差异非常显著，18—24周岁组和25—29周岁组考虑加入环保社团的比例较14—17周岁组约高10个百分点。

（4）不同文化程度的青年参与环保社团或网络环保组织存在显著差异，高中生加入环保社团的比例略高于其他组别。

四、青年对社区低碳活动的评价

（一）青年对社区环保现状的满意程度

由图6-13可知，接近半数的青年对自己所在社区的环保现状持满意的态度。其中，有8.0%的青年"非常满意"，42.3%的青年"比较满意"。也仍有相对较多的青年对自己所在社区的环保现状不满意。

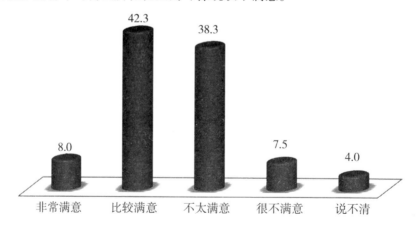

图6-13 青年对自己所在社区的环保现状的满意程度（%）

不同群体的青年对社区环保现状的满意度有显著差异。表6-13的数据显示：

（1）青年对社区环保现状的满意度性别差异显著，男性表示非常满意的略高于女性，女性表示比较满意的略高于男性。

（2）不同政治面貌的青年对社区环保现状的满意度存在非常显著的差异，中共党员的满意度最高，群众的满意度最低。

（3）青年对社区环保现状的满意度不存在显著的年龄差异。

（4）不同文化程度的青年对社区环保现状的满意度存在显著差异，初中及以下组的满意度最低，高中/职高组的满意度最高。

表 6-13　青年对自己所在社区环保现状的满意程度的分类比较

属性	满意程度（%）					x^2	P
	非常满意	比较满意	不太满意	很不满意	说不清		
总体	8.0	42.3	38.3	7.5	4.0		
男	9.2	39.3	39.3	7.7	4.5	13.482	0.009
女	6.5	44.7	37.8	7.5	3.5		
中共党员	8.7	43.0	40.2	5.4	2.7	29.540	0.003
民主党派成员	8.6	40.0	34.3	8.6	8.6		
共青团员	7.7	42.9	37.0	8.6	3.7		
群众	7.3	39.3	38.0	8.3	7.1		
14—17 周岁	8.8	43.1	36.2	8.8	3.1	15.276	0.227
18—24 周岁	8.8	44.7	36.0	6.7	3.8		
25—29 周岁	6.6	42.1	40.3	6.9	4.1		
30—35 周岁	8.9	38.6	38.8	9.1	4.5		
初中及以下	6.3	38.1	33.3	10.3	11.9	37.159	0.011
高中/职高	8.6	44.0	35.8	7.9	3.7		
大专/高职	6.8	39.1	42.1	7.6	4.3		
本科/双学士	8.4	43.7	37.3	7.2	3.4		
硕士及以上	8.5	40.5	42.5	6.5	2.0		

（二）青年对社区低碳活动的评分

在青年对所在地区各方面情况的打分中，社区低碳活动的得分最低。本调查请青年对所在地区 15 个方面的状况进行打分，1 分代表最差，10 分代表最好。表 6-14 根据评分从高到低列出了评分结果，由表可知，得分最高的是经济发展, 分值为 5.7, 代表中等水平; 与环境相关的各项的评分均低于对经济发展的评分, 得分最低的是社区低碳活动, 分值为 4.2, 处于中等偏下的水平。这从另一侧面表明, 青年对所在社区的低碳活动满意度不高。

表 6-14　青年对所在地区各方面情况评分的排序

	平均数	标准差
经济发展	5.7	2.5
自然环境	5.5	2.6
市政建设	5.4	2.5
人均绿地	5.1	2.6
环境保护	5.1	2.5
空气质量	5.0	2.8
城市交通	4.9	2.5
环保宣传	4.9	2.5
污染治理	4.6	2.5
食品安全	4.6	2.6
公民环保意识	4.5	2.5
环保志愿服务	4.5	2.7
公民环保行为	4.5	2.5
环保社会组织	4.4	2.6
社区低碳活动	4.2	2.7

青年参与社区低碳活动, 可以在参与过程感受到社区给人们带来的归属感和亲切感, 进而提高对社会生活的满意度。同时, 青年自主地参与社区环保活动的决策过程, 也能够让青年真正学会承担公民责任, 对自己、他人和社区负责。社区是公众实践低碳生活、履行公民责任的最切实的落脚点, 政府应大力倡导以公众参与为依托的低碳社区建设, 这是实现低碳经济的重要一环, 也是推进生态文明建设的重要载体。

第七章 青年低碳生活：行为表现

第一节 青年的低碳消费行为

一、餐饮消费：在家吃饭还是外出就餐？

由图 7-1 可知，有超过三成的青年（31.5%）每三天内一般至少有一次在外就餐，有超过六成的青年（63.5%）每周一般至少在外就餐一次，在外就餐次数较为频繁。

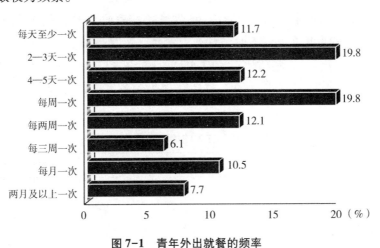

图 7-1　青年外出就餐的频率

二、青年的"光盘"行动

光盘行动是指就餐后不剩饭菜。所以光盘行动不仅是外出就餐时的行动，也是在家吃饭时应坚持的经常性行动。当前，光盘行动更加重视外出就餐时的结果，却有意无意地忽视了在家就餐时的光盘效果。从客观情况看，在家就餐是主要的，家庭厨余垃圾也是占据全社会厨余垃圾的主体。

图7-2是青年在外出就餐且由本人结账时，对剩饭剩菜一般的处理方式。从图中信息可知，17.3%的青年"对吃剩的都打包"，74.9%的青年"对吃剩的选择性打包"，7.8%的青年"从来不打包"。总体上来看，青年外出就餐时，都会打包剩余的饭菜，节约意识比较强。

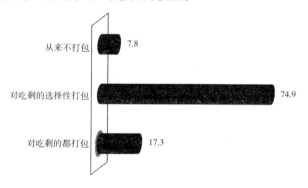

图7-2 青年外出就餐对剩饭剩菜处理方式的统计（%）

表7-1是青年在家吃饭时菜的剩余情况。从表中信息可知，25.8%的青年在家吃饭时"基本不剩菜"，31.4%的青年在家吃饭时"偶尔有剩菜被倒掉"，28.7%的青年在家吃饭时"偶尔有剩菜，留着下餐吃"，3.8%的青年在家吃饭时"经常有剩菜被倒掉"，10.4%的青年在家吃饭时"经常有剩菜，但一般都留着下餐吃"。总体来看，青年在饭菜剩余方面都有较高的节约意识，很少浪费。

表7-1 青年在家吃饭时剩菜情况统计

	频次（人）	有效百分比（%）	累计百分比（%）
基本不剩菜	734	25.8	25.8
偶尔有剩菜被倒掉	892	31.4	57.2
偶尔有剩菜，留着下餐吃	816	28.7	85.8
经常有剩菜被倒掉	108	3.8	89.6
经常有剩菜，但一般都留着下餐吃	295	10.4	100.0
合计	2845	100.0	

三、青年低碳消费生活的行为选择

我国排放的二氧化碳中有 30% 是由居民生活造成的。全国 1.5 亿台空调由 26 摄氏度调高到 27 摄氏度，可减排二氧化碳 317 万吨/年；1248 万辆私人轿车每月少开一天，可减排二氧化碳 122 万吨/年。表 7-2 是青年基于以上的背景情况，对相关低碳行为是否符合自身情况的选择。

表 7-2　青年低碳消费行为的实际情况（%）

低碳消费行为的表现	非常符合	比较符合	不大符合	很不符合	说不清
外出时自带日常生活用品	41.3	42.8	13.0	2.0	1.0
不购买过度包装的产品	39.3	46.0	11.7	1.4	1.6
减少使用一次性用品	39.0	47.1	11.3	1.1	1.5
多在户外运动锻炼，少去健身房	40.6	39.0	15.1	2.6	2.8
少喝瓶装饮料，多喝白开水	42.9	38.2	15.0	2.8	1.1

在外出自带物品方面，41.3% 的青年认为"外出时自带日常生活用品"与自己的情况"非常符合"，42.8% 的青年认为"比较符合"。由此看出，绝大多数的青年外出时会自带生活用品，具有节约意识。

在购买产品方面，39.3% 的青年认为"不购买过度包装的产品"这种行为与自己的情况"非常符合"，46.0% 的青年认为"比较符合"。由此看出，大多数青年在购买产品时不愿意购买过度包装的产品，具有节约意识。

在使用一次性用品方面，39.0% 的青年认为"减少使用一次性用品"的行为与自己的情况"非常符合"，47.1% 的青年认为"比较符合"。可以看出，大多数青年有意识地在减少使用一次性用品，具有节约意识。

在锻炼场所方面，40.6% 的青年认为自己的情况"非常符合"在锻炼身体时"多在户外运动，少去健身房"这一行为，39.0% 的青年认为"比较符合"。表明大多数青年具有在户外锻炼的节约意识。

在饮用水方面，42.9% 的青年认为自己的情况"非常符合"日常生活中"少喝瓶装饮料，多喝白开水"这一行为，38.2% 的青年认为"比较符合"。表明大多数青年具有减少喝瓶装饮料的节约意识。

第二节　青年的低碳交往行为

一、青年的守时行为

守时既是一种道德行为，也是市场经济的一种内在要求。节约时间，会减少一些额外的支出，也是一种低碳的生活方式。从表 7-3 中可以看出，对于约定时间开展的活动，51.7%的青年一般会"提前到达"，39.4的青年会"准时到达"，也就是说，有 91.1%的青年能够守时。但是，调查结果显示，也有近 9%的青年会迟到。整体来看，青年具有很强的时间观念。

表 7-3　青年对于约定时间开展活动的守时情况

守时情况	频次（人）	有效百分比（%）	累计百分比（%）
提前到达	1474	51.7	51.7
准时到达	1125	39.4	91.1
迟到不超过 1 分钟	125	4.4	95.5
迟到 1—5 分钟	64	2.2	97.8
迟到 6—10 分钟	28	1.0	98.7
迟到 11—15 分钟	19	0.7	99.4
迟到 16—30 分钟	10	0.4	99.8
迟到 30 分钟以上	7	0.2	100.0
合计	2852	100.0	

二、青年的低碳包装

表 7-4 为青年在送礼时，礼品的包装情况。由表中信息可知，8.4%的青年在送礼时，礼品"全部是精包装"，26.6%的青年的礼品"大部分是精包装"，23.8%的青年的礼品"一半精包装，一半简单包装"，26.7%的青年的礼品"大部分是简单包装"，14.4%的青年的礼品"全部是简单包装"。从数据的百分比可以看出，目前青年在送礼时，大部分礼品使用简单包装，但精

包装的礼品也不在少数。过度包装会导致资源浪费，有关领导部门应在这方面加强引导和管理。

表 7-4　青年在送礼时礼品的包装情况（%）

包装情况	频次（人）	有效百分比（%）	累计百分比（%）
全部是精包装	238	8.4	8.4
大部分是精包装	755	26.6	35.0
一半精包装，一半简单包装	674	23.8	58.8
大部分是简单包装	758	26.7	85.6
全部是简单包装	409	14.4	100.0
合计	2834	100.0	

三、青年的低碳通信

图 7-3 是关于青年常用的通信方式的统计情况。从图中可以看出，83.6%的青年使用"手机"作为常用的通信方式，这一比例占据绝对优势；其次是"QQ 等即时通信"；使用"固定电话""网络通信软件""微信"的比例分为 4.9%、2.4%、2.2%；其余通信方式的比例均不足 1%，分别为微博（0.6%）、纸质信件（0.3%）、其他通信方式（0.1%）。由此可以看出，随着通信技术的发展，纸质信件等通信方式急剧衰落，手机成为青年最常用的通信方式，这种低成本、高效率、多功能的通信方式备受青年人欢迎。

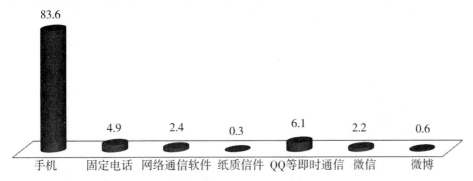

图 7-3　青年常用的通信方式（%）

四、青年社交中的吸烟行为

图7-4是关于青年目前平均每日的吸烟量统计。由图可以看出，77.6%的青年"不吸烟"，11.0%的青年平均每日吸烟"1—5支"，6.9%的青年平均每日吸烟"6—10支"，3.3%的青年平均每日吸烟"11—20支"，1.2%的青年平均每日吸烟"20支以上"。从数据可以看出，绝大多数的青年具有良好的生活习惯。

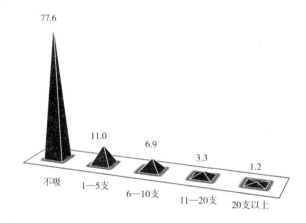

图7-4 青年目前平均每日的吸烟量（%）

图7-5是关于青年在社交场合中吸烟的表现。从图中可以看出，69.6%的青年在社交场合中"从不吸烟也不递烟"，12.0%的青年"给人递烟但不吸烟"，6.7%的青年"别人给才吸烟"，11.7%的青年"主动吸烟并递烟"。从这一组数据可以看出，青年在社交场合的吸烟率低，具有良好的健康生活习惯。

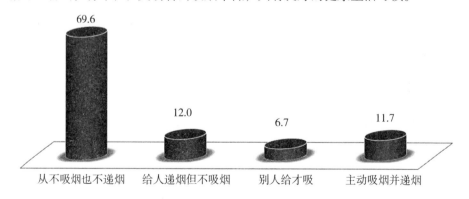

图7-5 青年在社交场合中吸烟的表现（%）

第三节 青年的低碳交通行为

一、青年的交通工具拥有或使用情况

表 7-5 是青年拥有或使用交通工具状况。从中可以看出，超过一半的青年（57.5%）拥有或使用自行车，超过 1/4 的青年（28.4%）拥有或使用电动车，拥有或使用绿色出行交通工具的青年占比较高。此外，拥有或使用摩托车和排量≤1.0L 的汽车的青年占比分别为 12.7% 和 6.4%，拥有或使用排量超过 1.0L 但未超过 1.6L 的汽车和排量超过 1.6L 但未超过 2.5L 的汽车的占比分别为 15.1% 和 12.7%，拥有或使用排量超过 2.5L 但未超过 4.0L 的汽车和排量超过 4.0L 的汽车的占比分别为 1.6% 和 1.9%，可以看出拥有或使用大排量汽车的占比不高。总体来看，青年拥有或使用的交通工具较为绿色环保。

表 7-5 青年拥有或使用的交通工具的统计情况

交通工具	频次	应答百分比（%）	个案百分比（%）
自行车	1543	42.2	57.5
电动车	762	20.8	28.4
摩托车	341	9.3	12.7
汽车（排量≤1.0L）	172	4.7	6.4
汽车（1.0L<排量≤1.6L）	404	11.1	15.1
汽车（1.6L<排量≤2.5L）	340	9.3	12.7
汽车（2.5L<排量≤4.0L）	43	1.2	1.6
汽车（排量>4.0L）	51	1.4	1.9
合计	3656	100.0	136.3

二、青年出行的交通方式

表 7-6 是青年主要的交通方式统计。由此可知，55.4%的青年的主要交

通方式是"公共交通（公交、地铁）"，25.1%的青年的主要交通方式是"自行车（电动自行车）"，24.9%的青年的主要交通方式是"步行"，21.3%的青年的主要交通方式是"私家车"，7.8%的青年的主要交通方式是"出租车"，6.2%的青年的主要交通方式是"班车"，2.1%的青年的主要交通方式是"拼车"，1.4%的青年的主要交通方式是"专车"，还有1.0%的青年采用其他类型的交通方式。从数据上看，大部分青年的出行方式比较低碳环保，采用绿色方式出行。

表7-6　青年采用的主要交通方式统计情况

	频次	应答百分比（%）	个案百分比（%）
公共交通（公交、地铁）	1564	38.2	55.4
自行车（电动自行车）	708	17.3	25.1
步行	703	17.2	24.9
私家车	601	14.7	21.3
出租车	221	5.4	7.8
班车	175	4.3	6.2
拼车	60	1.5	2.1
专车	39	1.0	1.4
其他	28	0.7	1.0
合计	4099	100.0	145.1

图7-6为青年自认为"尽量选择步行和骑自行车出行"的符合情况。在出行的交通工具选择方面，44.3%的青年认为出行时"尽量选择步行和骑自

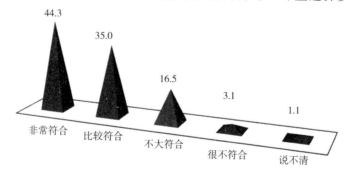

图7-6　青年自认为"尽量选择步行和骑自行车出行"的符合情况（%）

行车出行"与自己"非常符合"，35.0%的青年认为与自己"比较符合"。由此看出，大多数的青年更倾向于选择绿色出行的方式。

三、青年交通时间的耗费情况

表7-7为青年每日在家与单位/学校之间平均所花时间的统计。从中可以看出，青年平均家与单位/学校间的往返时间为55.74分钟，即平均处于半小时通勤/学圈内。具体来看，往返时间在30分钟以内的占比为38.3%，即近四成青年具有选择步行、自行车、电动车等绿色出行方式的条件。往返时间在31—60分钟的占比为33.2%，60分钟以上的占比为28.6%，即超过六成的青年具有选择电动车、公共交通、班车、拼车等绿色出行方式的可能。

表7-7　青年每日在家与单位/学校之间平均所花时间的统计情况

所花时间	从家到单位/学校（%）	从单位/学校回到家（%）	在家与单位/学校的往返（%）
5分钟以内	11.0	10.2	2.4
6—10分钟	17.5	16.1	7.9
11—15分钟	12.3	11.7	1.6
16—20分钟	14.9	14.1	14.5
21—25分钟	3.5	3.5	1.7
26—30分钟	16.7	15.5	10.2
31—40分钟	7.9	9.5	13.9
41—50分钟	4.5	5.7	5.7
51—60分钟	6.7	7.0	13.6
61—90分钟	2.8	4.1	12.9
91分钟及以上	2.3	2.6	15.7
平均时间（分钟）	26.82	28.86	55.74

四、青年对汽车作为交通工具的使用意愿

图7-7反映了尚未拥有汽车的青年，其对拥有汽车的愿望。从图中信息

可以看出，40.4%的青年对于拥有汽车的愿望"不太强烈"，7.3%的青年对于拥有汽车的愿望"很不强烈"，而有13.4%的青年对于拥有汽车具有"非常强烈"的愿望，34.1%的青年的愿望"比较强烈"，还有4.9%的青年对拥有汽车的愿望不明确。从中可以看出47.7%的青年对拥有汽车的愿望不强烈，与拥有汽车愿望强烈的青年占比（47.5%）基本持平。

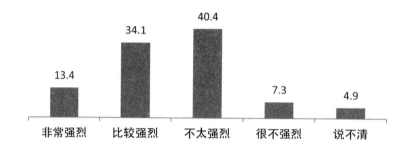

图7-7 没有汽车的青年对拥有汽车的愿望（%）

表7-8是关于如果青年自身拥有的车比他人差，青年将会有怎样的反应的统计情况。如果青年自己的车比他人的差，23.7%的青年"想拥有好车，并努力实现"，49.3%的青年"想拥有好车，但顺其自然"，12.6%的青年认为"即使能买得起好车也不买"，还有14.4%的青年说不清会怎么样。从数据看，大部分青年并不会执意买好车以超越他人，说明当前青年在这方面不会过分地脱离实际情况进行攀比。

表7-8 如果自己的车比他人差，青年的反应（n=2808）

	百分比（%）
想拥有好车，并努力实现	23.7
想拥有好车，但顺其自然	49.3
即使能买得起好车也不买	12.6
说不清	14.4

第四节 青年的低碳家庭行为

一、青年的家居状况

（一）住房情况

表 7-9 是关于青年目前家庭人均住房面积的统计。其中 20 平方米以下的占比为 23.2%，21—40 平方米的占比为 37.9%，41 平方米以上的为 38.9%。从居住面积来看，青年目前的人均住房面积较为宽敞，居住条件较好。

表 7-9 青年家庭人均住房面积统计情况

	频次（人）	有效百分比（%）	累计百分比（%）
10 平方米以下	183	6.4	6.4
11—20 平方米	475	16.7	23.2
21—30 平方米	645	22.7	45.9
31—40 平方米	432	15.2	61.1
41—50 平方米	224	7.9	69.0
51—60 平方米	270	9.5	78.5
60 平方米以上	611	21.5	100.0
合计	2840	100.0	

（二）灯具使用情况

图 7-8 是关于青年目前居住地所使用的灯具情况。由图可知，72.8% 的青年使用"节能灯"，17.5% 的青年使用"日光灯"，8.9% 的青年使用"白炽灯"，0.6% 的青年使用"煤油灯或蜡烛"，0.3% 的青年使用其他灯具。从数据上看，绝大多数青年使用节能灯具，这样的选择和行为既节能又环保，值得提倡。

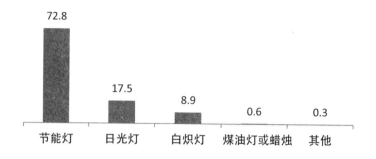

图7-8 青年居住地所使用的灯具情况（%）

二、青年家庭日常用品耗费情况

（一）环保袋的使用情况

图7-9反映了关于青年购物后盛装物品的购物袋情况。由图可知，43.1%的青年在购物后盛装物品时使用"塑料袋"，14.8%的青年使用"纸袋"，36.2%的青年使用"可重复使用购物袋"，4.6%的青年"不使用任何袋子"，还有1.3%的青年使用其他方式盛装物品。由此看来，青年对于塑料袋的使用还是比较普遍，青年在使用纸袋和可重复使用的购物袋的方面还有待于进一步提高。

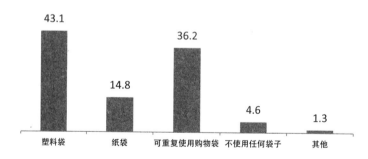

图7-9 青年购物后盛装物品的购物袋情况（%）

（二）废弃物处理情况

图7-10是关于青年对废弃的报纸或书刊的处理方式统计。从图中可以看

出，68.3%的青年选择将废弃的报纸或书刊"卖掉"，14.4%的青年会"分类整理好丢弃"，10.3%的青年选择"直接丢弃"，4.7%的青年会将废弃的报纸书刊"捐赠"给有需要的人，还有 2.2%的青年选择其他处理方式。从这些处理方式的占比情况可以看出，大部分青年将废旧的报纸书刊卖到回收废品处，有利于纸质资源的回收再利用。

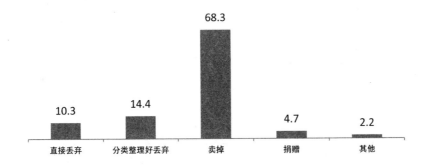

图 7-10　青年对废弃的报纸或书刊的处理方式（%）

（三）电梯使用情况

表 7-10 是关于青年在有电梯的建筑物中，使用电梯习惯的统计。从表中可知，12.7%的青年"基本都是爬楼梯"，22.5%的青年"在 7 层及以上才用电梯"，23.4%的青年"在 5—6 层及以上才用电梯"，11.5%的青年"在 3—4 层就用电梯"，26.3%的青年"能用电梯就不走楼梯"，还有 3.6%的青年"有急事才用电梯"。由此看出，超过半数的青年在矮层建筑中就使用电梯，这说明青年在电梯使用方面的节能意识比较低，还有待于进一步提高。

表 7-10　青年使用电梯的习惯（$n = 2840$）

	百分比（%）
基本都是爬楼梯	12.7
在 7 层及以上才用电梯	22.5
在 5—6 层及以上才用电梯	23.4
在 3—4 层就用电梯	11.5
能用电梯就不走楼梯	26.3
有急事才用电梯	3.6

（四）日常的低碳行为

表7-11是关于青年日常生活中低碳行为的统计情况。其中，青年对"在日常生活中，我尽可能地节水节电"的符合程度最高，接近九成（89.2%），对"家里多养花种草，绿化居室环境"（84.0%）和"在家尽量不开空调，若开，则在26摄氏度以上"（80.0%）的符合程度都在八成以上。对于"在办公室尽量不开空调，若开，则在26摄氏度以上""已经淘汰了一些高耗能的家用电器"的符合程度也都有七成以上。总体来看，青年具有较高的低碳生活意识，并在生活中践行了低碳行为。只是在"向家人朋友宣传低碳生活"方面的符合程度略低（68.0%）

表7-11 青年低碳家庭行为的实际情况（%）

	非常符合	比较符合	不大符合	很不符合	说不清
已经淘汰了一些高耗能的家用电器	28.0	45.1	20.4	3.3	3.3
在日常生活中，我尽可能地节水节电	41.9	47.3	9.0	0.9	1.0
家里多养花种草，绿化居室环境	45.1	38.9	12.4	2.5	1.1
在家尽量不开空调，若开，则在26摄氏度以上	40.3	39.7	13.0	3.9	3.0
向家人朋友宣传低碳生活	30.2	37.8	23.0	5.5	3.5
在办公室尽量不开空调，若开，则在26摄氏度以上	34.5	40.1	15.8	4.8	4.8

三、家庭的碳足迹情况

图7-11是关于在青年家庭中，碳足迹最多和最少的家人的统计。从图中信息可以看出，认为自己是家庭中碳足迹最多的占比为43.1%，认为自己是碳足迹最少的占比为29.6%。这一比例说明，总体来看青年人的碳耗用量较之其他家庭成员还是较高的。在青年的家庭成员中，被认为碳足迹最少的是父亲，百分比为27.3%；其次是母亲，百分比为25.5%；再次是爱人（8.2%）、儿子（4.2%）、女儿（3.0%）和其他亲人（2.2%）。被认为碳足迹最多的家庭成员排序是父亲（17.0%）、母亲（12.9%）、爱人（13.4%）、儿子（5.2%）、女儿（4.3%）和其他亲人（4.1%）。

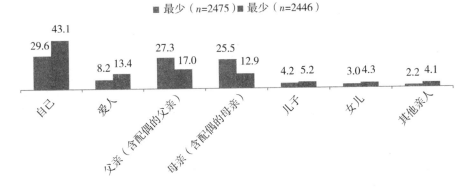

图7-11 青年家庭中碳足迹最少/最多的家人统计（%）

第五节 青年低碳生活的自我评估

一、青年对自身消费的环境影响的关注度

表7-12是总体及不同群体的青年对自身消费所造成环境影响的关注情况。总体来看，非常关注和比较关注"自己消费行为对环境造成影响"的青年占比总计为51.7%，略高于不太关注和从不关注青年占比总计（43.8%），即略多于一半的青年具有较高的低碳生活意识。

具体来看，除去性别差异，政治面貌、年龄和文化程度不同的青年对自身消费行为的环境影响关注度均有显著差异。群众的关注度明显低于有政治身份的青年；18—24周岁组的关注度最高，14—17周岁组的关注度最低；硕士及以上群体的关注度最高，文化程度在初中及以下青年的关注度最低。

表7-12 青年消费行为对环境造成影响的关注程度的分类比较

属性	关注程度（%）					x^2	P
	非常关注	比较关注	不太关注	从不关注	说不清		
总体	8.8	42.9	40.3	3.5	4.5		

续表

属性	关注程度（%）					x^2	P
	非常关注	比较关注	不太关注	从不关注	说不清		
中共党员	9.3	49.2	34.8	3.1	3.7	54.120	0.000
民主党派成员	11.4	48.6	22.9	11.4	5.7		
共青团员	8.5	41.0	43.6	2.9	4.1		
群众	8.8	35.6	42.8	5.9	6.9		
14—17 周岁	7.8	42.0	42.0	4.1	4.1	30.898	0.002
18—24 周岁	10.6	43.3	39.4	3.3	3.3		
25—29 周岁	6.9	43.4	42.6	2.1	5.1		
30—35 周岁	9.9	42.0	37.0	5.7	5.4		
初中及以下	7.1	31.0	39.7	12.7	9.5	57.345	0.000
高中/职高	9.9	42.1	39.8	4.3	3.9		
大专/高职	6.9	41.3	43.0	3.3	5.5		
本科/双学士	9.7	44.2	39.6	2.8	3.6		
硕士及以上	7.8	47.4	38.3	1.9	4.5		

二、青年低碳素质的自我评估

表 7-13 为青年为其自身对低碳各方面的了解程度的打分情况。在调查中，分数区间为 0—10 分，0 分代表"根本不了解"，10 分代表"非常了解"，青年根据自己的实际情况填写相应的数值。青年在低碳意识、低碳知识、低碳行为和低碳消费四方面的打分情况如表中数据所示。

表 7-13　青年为其自身在低碳各方面的打分情况统计

	分值分布（%）											均值	
	0	1	2	3	4	5	6	7	8	9	10	数值（分）	标准差
低碳意识	3.3	1.7	2.6	5.2	4.2	24.7	10.8	11.1	19.7	6.3	10.5	6.24	2.447
低碳知识	4.1	2.3	5.8	7.3	7.0	26.3	13.8	11.6	12.4	3.8	5.6	5.48	2.399

	分值分布（%）										均值	
	0	1	2	3	4	5	6	7	8	9	10	数值（分）	标准差
低碳行为	3.2	2.0	4.7	6.1	6.2	26.2	14.0	12.5	14.0	4.2	6.7	5.75	2.360
低碳消费	4.9	2.5	5.6	6.6	6.6	25.2	12.5	11.3	14.0	4.4	6.2	5.55	2.506

　　从青年对低碳各方面了解程度的平均分情况看，青年对其自身在"低碳意识"方面的平均分最高，为6.24；其次是在"低碳行为"方面，均值为5.75；再次是在"低碳消费"方面，均值为5.55；最后是在"低碳知识"方面，均值为5.48。总体来讲，青年对其自身在低碳各方面的了解程度达到了中等水平，但还没有达到非常高的水平，说明青年自身不论在低碳意识、低碳行为，还是在低碳消费、低碳知识方面都有待提高。

第八章　青年低碳生活：未来走向

第一节　青年低碳生活中的主要不足

在低碳经济时代，青年作为一个特殊的群体，大多正在接受正规、系统化的中、高等教育，本身具有较强的知识与行为学习、传播能力。青年的生活方式以及思想观念对于我国的低碳社会发展来说有着举足轻重的作用。

本书对于低碳经济时代青年群体低碳生活方式的现状作了大量系统的调查与研究。全面把握和深入了解青年群体的低碳生活方式现状以及成因，对引导青年践行低碳生活方式有着重要的指引作用。从中我们也可以看到当前青年低碳生活中所存在的一些问题。

一、当代青年对低碳认知与行动存在较大差距

（一）青年对低碳的重要性认知度高

大部分青年已经认识到低碳生活的重要作用。有 93.4% 的青年认为低碳发展十分重要或者比较重要，更有 71.8% 的青年同意或者比较同意低碳生活是一种时尚的生活方式。这说明当前青少年对于低碳的重要性认知已经较为普遍，低碳的概念已经相当普及。

从图 8-1 中也可以看出青年群体普遍愿意为低碳改变生活习惯。在调查访问中，有 23% 的青年很愿意为降低碳排放而改变生活习惯，另有 55% 的青年表示比较愿意改变。这一结果说明有近 4/5 的青年有低碳生活的意愿，他们认为低碳生活可以为个人乃至整个社会带来更大的效益，可以推动整个社会的进步。

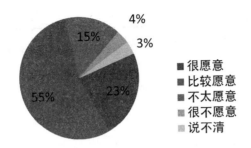

图8-1 当代中国青年为降低碳排放而改变生活习惯的意愿

（二）青年对于低碳知识的认知水平一般

根据调查（见表8-1），青年对于低碳的相关概念了解水平一般。在关于"低碳经济、低碳政策、低碳产业、低碳城市、低碳生活、低碳技术、碳足迹、碳交易、碳封存"等概念的调查中，对低碳生活的认知程度最高，达到了7.1分（10分为满分），对其余大部分的概念认知程度在6分以下，对碳封存的认知程度最低，仅有3.5分，有43.3%的青年不知道碳封存的概念。根据访谈可以看出，青年对低碳概念整体均有一定认识，但都是粗浅程度的理解，无法深入理解低碳概念背后的本质。

表8-1 当代中国青年对低碳相关概念的认知水平

		低碳经济	低碳政策	低碳产业	低碳城市	低碳生活	低碳技术	碳足迹	碳交易	碳封存
得分分布（%）	0分	12.2	14.9	14.6	9.6	5.7	17.2	31.1	35.6	43.3
	1分	3.9	4.2	5.1	3.2	2.1	6	5.9	7.7	9.4
	2分	6	7.4	7.9	6	4.4	9.1	7.8	8.5	7.6
	3分	7.5	9.3	9.6	6.8	5.1	9.8	7.6	8.2	6.4
	4分	4.3	6.3	6.6	5.6	4.4	7.5	5.7	5.4	4.9
	5分	26.4	19.4	19.6	23.8	19.3	18.8	15.5	13.9	11.5
	6分	8.8	10.2	9.6	10.9	10	8.6	7.5	5.5	4.9
	7分	7.2	8.8	8.1	9.1	11.1	7.1	6	5	4.1
	8分	12.8	10.6	10	12.3	17.2	8.4	5.7	4.7	3.7
	9分	3.5	3.2	3.6	4.1	7.4	3	2.3	1.9	1.9
	10分	7.5	5.6	5.3	8.5	13.2	4.5	4.7	3.6	2.3

续表

	低碳经济	低碳政策	低碳产业	低碳城市	低碳生活	低碳技术	碳足迹	碳交易	碳封存
平均得分（分）	6.0	5.6	5.5	6.3	7.1	5.2	4.4	4.0	3.5

（三）青年对低碳生活的行动力较差

虽然青年普遍表现出了愿意为低碳改变生活习惯的意愿，但是落实到具体行动上，实际表现却与意愿度颇有不同，尤其是涉及经济利益上的行动。根据调查，有90%的青年表示愿意以植树的方式来补偿日常生活中的碳排放（详见图8-2），而当问及是否愿意为日常消耗的二氧化碳付费这一问题时，表达愿意或者比较愿意的比例仅有46%，尚未超过半数（详见图8-3）；同样，在为保护环境牺牲收入这一问题上，表达愿意的比例也仅有60%左右。

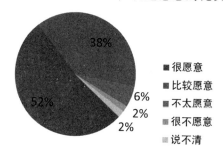

图8-2 当代中国青年以植树补偿日常碳排放的意愿调查

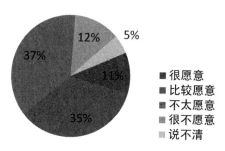

图8-3 当代中国青年碳付费意愿调查

对于日常生活中能否贯彻低碳生活的习惯，仍有很大一部分青年达不到要求。例如，仍有31%的青年在家吃饭时会直接倒掉剩菜和剩饭，有接近一半的青年在送礼物的时候选择用精包装，有 25% 的青年对于废弃的报纸或书刊的处理方式选择了直接丢弃，另外，抽烟、买高能耗产品等习惯，在青年生活中仍然占据了很大一部分比重。

这些调查结果表明，虽然青年已经认识到了低碳生活的重要作用，并对低碳的概念有了一定的认知，但是在具体的行动上，仍然没有养成良好的行为习惯，青年并不愿意为低碳生活而有过多的经济投入，甚至仍有部分浪费，"高碳"的行为习惯尚未彻底改变。

二、教育、宣传、政策不到位等是青年低碳践行能力差的主因

（一）宣传力度不够导致低碳践行无从下手

虽然低碳社会发展已具初步成果，当代青年也有参与低碳发展的意识，但是对于如何采取实际行动来构建低碳社会却缺少政府层面的引导与传播。根据调查显示，接收访谈调查的青年中只有 34% 的人认为各级领导在低碳方面的率先垂范和行动宣传很多和较多（见图 8-4），对低碳发展形成了社会潮流引导。而认为公共场所较少有或很少有低碳生活、低碳行为提示标志的青年占比超过六成（见图 8-5）。在如今大数据时代，青年为信息传播与接收的主载体，政府应利用公共媒体拓宽宣传渠道，不仅在传统媒体如电视、报纸、广播、海报上投放低碳社会构建与低碳行为践行的公益广告，还可以加大在互联网、移动社交应用平台上的宣传力度，巧妙"投机"青年接收社会信息的形式与链接点，借助公众人物影响效应，以形成从传统媒体区域的深耕传播至新媒体的拓展宣传，拉动传媒引擎，引爆低碳生活潮流辐射圈。

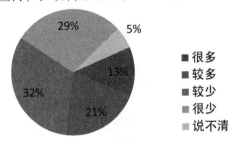

图 8-4 当代中国青年对各级领导在低碳行为示范宣传量的认可情况

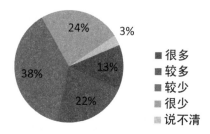

图 8-5　当代中国青年对公共场所低碳宣传标志数量的认可情况

（二）教育引导不足致使低碳尚未成为生活方式主流

之所以青年对低碳生活已具有一定认知，但行动力却较差，主要是因为青年的低碳行为属于偶发性行为，低碳生活意识还未能深入人心，青年从小接受的教育中并无针对低碳生活的习惯培养，致使低碳尚未成为主流生活方式。根据调查，有近60%的青年认为学校设置低碳意识和低碳生活课程不够（见图 8-6），有一半以上的青年认为学校对低碳行为习惯的培养不足（见图 8-7）。因此，政府与社会应首先从低碳行为培养的"根部"灌输养料，加大学校低碳课程开发的资金与人力投入，开展形式多样的低碳行为竞赛活动，以真正做到引导与培养青少年的低碳生活行为习惯，推动低碳生活成为未来社会的主流生活方式。

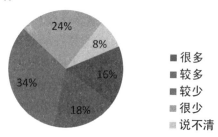

图 8-6　当代中国青年对学校低碳课程设置情况的评价

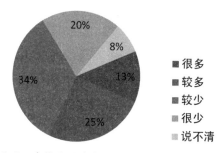

图 8-7　当代中国青年对学校低碳行为培养的评价

（三）政策约束和引导机制不完善导致低碳生活无法完全深入人心

由于低碳社会的概念刚刚起步，相应的低碳政策和奖惩措施并不完善。根据调查，认为目前政府制定的低碳政策和奖惩措施较少或者很少的人数，占总人数的六成以上（63.2%），这说明目前的低碳政策完全没有深入人心。

低碳生活是一种具有超强外部性的生活方式，这就意味着单纯从个体的角度出发很难做出最有利于社会选择的判断，因此，需要政府制定相关的政策，对低碳行为予以一定的鼓励，对"高碳"的举动给予警示或者惩罚，这样才能更容易促使民众，尤其是青少年加强对低碳生活的认知，使得低碳社会能更好地发展下去。

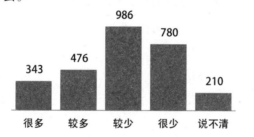

图 8-8　当代中国青年对政府低碳政策和奖惩的评价（人）

第二节　推进低碳生活方式的措施

一、青年对低碳生活的未来预期

（一）青年对低碳生活的总体预期

关于青年对于 10 年后，社会公众基本养成低碳生活方式的前景，由表 8-2 可以看到，有 13.1% 的青年对于 10 年后社会公众能够基本养成低碳生活方式的前景判断"非常乐观"，52.3% 的青年"比较乐观"，表示乐观的占比大幅超过不乐观占比。

超过半数的青年对 10 年后，青年能够基本养成低碳生活方式的前景判断"比较乐观"，百分比达到 54.5%，有 13.7% 的青年对此前景的判断"非常乐观"。总体来看，青年对 10 年后青年这一群体能够基本养成低碳生活方式的前景判断是积极乐观的，这为相关部门今后的宣传、教育奠定了一定的情感基础，有利于今后相关措施的实施。

青年对于 10 年后青年群体能够基本养成低碳生活方式的前景判断要相对乐观于对社会公众的判断。对青年群体"非常乐观"和"比较乐观"的判断的百分比均略高于对社会公众的判断；而青年对社会公众"不太乐观"和"很不乐观"的判断的百分比则高于对青年群体的判断。由这一比较可以看出，让全体社会公众认同、接纳并形成低碳的生活方式需要更长的时间，这就需要有关领导部门进一步加强对青年以外的其他群体的宣传和教育。

表 8-2　青年对 10 年后社会公众和青年群体养成低碳生活方式的前景判断比较（%）

	青年基本养成低碳生活方式	社会公众基本养成低碳生活方式
非常乐观	13.7	13.1
比较乐观	54.5	52.3
不太乐观	25.7	27.4
很不乐观	3.2	3.8
说不清	3.0	3.5
合计	100.0	100.0

二、推进低碳生活的机制建设和低碳认证

从表 8-3 可以看出青年对低碳发展机制建设的看法。青年认为最应该着手的措施的前三项依次为"政府、企业和公民之间的低碳经济利益均衡机制"（51.5%）、"低碳产业发展政策导向机制"（43.7%）和"低碳环境和能源技术创新机制"（35.1%），表达出青年对政府应尽快均衡政府、企业和公民之间的利益，制定低碳发展政策，引导低碳技术创新的期待。

对于各级政府和领导的责任，习近平在中共中央政治局第四十一次集体学习讲话时也着重强调，"生态环境保护能否落到实处，关键在领导干部。要落实领导干部任期生态文明建设责任制，实行自然资源资产离任审计，认真贯彻依法依规、客观公正、科学认定、权责一致、终身追究的原则，明确各级领导干部责任追究情形。对造成生态环境损害负有责任的领导干部，必须严肃追责。各级党委和政府要切实重视、加强领导，纪检监察机关、组织部

门和政府有关监管部门要各尽其责、形成合力"①。

表 8-3 青年对低碳发展机制建设的看法

低碳发展机制建设的具体措施	频次	应答百分比（%）	个案百分比（%）
低碳产业发展政策导向机制	1224	16.5	43.7
政府、企业和公民之间的低碳经济利益均衡机制	1443	19.4	51.5
低碳产品认证和标志机制	726	9.8	25.9
低碳财政税收激励机制	665	8.9	23.7
低碳产品税收机制	513	6.9	18.3
低碳城市建设机制	678	9.1	24.2
低碳环境和能源技术创新机制	985	13.3	35.1
低碳环境监测机制	542	7.3	19.3
以上都重要	574	7.7	20.5
以上都不重要	83	1.1	3.0
合计	7433	100.0	265.1

从图 8-9 可以看出青年对"低碳认证标志应成为商标标识的一部分"的看法。从中可以看出超过八成的青年（84.7%）同意这一看法，其中近五成的青年（47.9%）表示非常同意，从中可以反映出青年对具有国家权威和约束力的低碳认证商标的期待。

与青年和民众的意愿相应，国家质量监督检验检疫总局与国家发展和改革委员会于 2015 年依据《中华人民共和国节约能源法》《中华人民共和国认证认可条例》等法律法规，制定、颁布了《节能低碳产品认证管理办法》，并确定自 2015 年 11 月 1 日起施行，正式建立起具有国家权威的节能低碳产品认证制度，迈出以产品为链条，吸引和推动整个社会生产、生活向低碳模式转变的重要一步。

---

① 习近平. 推动形成绿色发展方式和生活方式，为人民群众创造良好生产生活环境［R］. 习近平在中共中央政治局第四十一次集体学习时讲话. http：//www.xinhuanet.com/politics/2017-05/27/c_1121050509.htm.

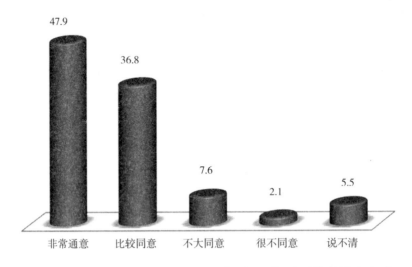

图 8-9　青年对"低碳认证标志应成为商标标识的一部分"的看法（%）

三、对中国低碳发展的启示

和发达国家的经济发展状况不同，近几十年来中国的人均碳排放量与人均收入之间一直保持单调递增的关系，整体上的发展依旧处于"高碳经济"阶段。2007 年，全国碳排放量已接近 60 亿吨，照常发展下去，到 2020 年将达到 113 亿吨，占全球的三分之一；在减排的情况下有可能控制在 90 亿吨左右，仍占全球的四分之一。各国一致认为，全球碳排放的增加主要是中国的碳排放增量。因此，中国面临严峻的碳排放形势，如果不实行严格的碳排放控制，中国未来在碳排放量方面将长期占据全球首位，在国际社会会成为众矢之的。

而另一方面，中国尽管与发达国家在政治、经济、文化等诸多领域存在着较大的差异，但在应对全球气候变化、减少经济对能源进口的依赖、维护能源安全程度等方面，与西方国家面对着共同的挑战。目前，为应对这些挑战，发达国家利用构建起的低碳经济体系提供平台，并取得了良好的效果，这些发展经验为中国低碳发展带来了以下启示。

（一）长期稳定的政策支持

目前，中国尚处于发展低碳经济、建设低碳社会的起步阶段，在提高能源效率、调整产业结构、优化能源结构和提升国民环境意识水平等方面还有很大的潜力可供挖掘。而一些发达国家，在这些方面已经积累了丰富经验，经验之一就是以政府为主导实施长期稳定的政策支持。

1990 年，英国制定了《非化石燃料公约》，2003 年制定《能源白皮书》，2004 年制定《能源法》，2006 年制定《能源回顾》，2007 年制定《能源白皮书》以及《气候变化法草案》。

2007 年，欧盟制定了《欧盟能源技术战略计划》，2009 年制定了《关于促进和利用来自可再生供给源的能源条例草案》和《欧盟关于禁止白炽灯和其他高耗能照明设备的法规》。

1997 年，美国制定了《碳封存研究计划》，2003 年制定《碳封存研发计划路线图》，2005 年制定《能源政策法》，2006 年推出《先进能源计划》，2007 年参议院通过了《低碳经济法案》。

早在 2004 年 4 月，日本政府就启动了"面向 2050 年的日本低碳社会情景"研究计划，2007 年项目组发表了研究报告，题为《日本低碳社会情景：2050 年的二氧化碳排放在 1990 年水平上减少 70% 的可行性研究》，在 2008 完成了"面向低碳社会的 12 项行动"的研究报告，2008 年 7 月日本内阁会议通过了"实现低碳社会行动计划"，开始实施全面的低碳转型[①]。因此，积极借鉴发达国家与发展中国家构建低碳社会的经验，以政府为主导，实施长期稳定的政策支持，将会有助于中国从根本和法制上实现"低碳"发展，推动低碳社会的转型。

（二）提升公众参与低碳发展意识

公众是构建低碳社会、发展低碳经济的主力，公众的认识和理念在推动低碳社会建立的过程当中将发挥积极的作用。因此，在构建低碳社会的过程中，世界各国都积极地将公众纳入低碳社会构建的相关利益者模型中。一般来讲，公众参与意识决定公众参与程度。发达国家公众参与意识强，公众参与的程度就深；发展中国家公众参与意识弱，公众参与的程度就浅。21 世纪以来，日本政府推行了一系列节能减碳政策法案，日本民众积极响应，主动投身低碳运动：2005 年横滨市民积极参加垃圾削减运动，5 年减少垃圾 55 万吨；富山市为建有轨电车轨道需占用私家车道时没有任何居民提出异议，而

---

① 宋德勇，卢忠宝. 我国发展低碳经济的政策工具创新［J］. 华中科技大学学报（社会科学版），2009（3）：85-91.

举行全民卫生清洁活动时，42 万人中有 7 万人义务参加。日本之所以能够在低碳发展方面取得显著的成就，与其国民的公众参与意识的形成和确立有着重要的关系。

低碳作为一种新兴的理念，在中国的普及度和响应度还很低。据《2007 年全国公众环境意识调查报告》，被调查对象中参加过环保公益活动的人占 18.1%，仅有 4.2% 的人参与过环保宣传，而成为民间环保组织的成员仅有 2.1%，还有 12.9% 的人没有任何环保经历。因此，我们应积极借鉴发达国家的实践经验，提供全方位的环境教育，只有公众理解建设低碳社会的意义，并愿意注意节约资源，提高减排意识，才有可能真正参与到环保公益和低碳生活之中。同时，政府也应支持非政府组织的低碳推广运动，形成中央政府、地方政府、企业、国民都积极参与创建低碳社会的局面，建立起以政府为主导，全民参与的低碳互动体系。

（三）实行环境经济调控政策

环境经济战略指按照市场经济的规则，运用经济手段来调节或影响市场活动，实行经济发展与环境保护协调发展的政策和措施。环境经济调控政策是一种从内部影响市场化的方式，比具体的限制、管制类的政策更为先进和有效，是迄今为止国际社会上最有效的、能形成长效机制解决环境问题的重要措施。

1. 收取环境税。环境税是国家为了保护环境资源而凭借其权威对一切开发、利用环境资源的单位和个人，依照其开发利用自然资源的程度或污染、破坏环境资源的程度征收的税种[1]。对资源使用者和排污者收费是世界各国广泛采用的环保措施，其中最典型的是北欧国家。丹麦是欧盟第一个真正进行生态税收改革的国家，自 1993 年以来就形成了以能源税为核心的环境税收；荷兰是世界上最早开征垃圾税的国家，环境税收种类更多，而且税收还专门用于筹集环保资金，其收入占税收总收入的 14%；挪威、荷兰还设立了针对机动车燃料的碳税以控制大气污染和温室效应。中国也可以效仿西方国家进行环境税的征收，以此作为实现低碳社会的重要路径。

2. 推进排污权交易。排污权交易是利用市场力量完成环境保护的目标以及优化环境资源配置的一种环境经济措施，从而以最小的成本对污染进行控制。排污权交易在美国的应用最为普遍。美国从 20 世纪 70 年代开始应用于

---

① 蔡博. 我国开征环境保护税问题研究 [D]. 沈阳：辽宁大学，2012.

大气排放贸易与污染源管理，由环境保护部门根据环境质量标准，综合考虑污染排放、区域经济和技术水平，以确定总的排放量，然后建立排放交易市场，优化分配排放权。

排污权交易的益处多种多样，它可以将外部性内部化，让企业有足够的动力进行节能减排的操作。面对国内巨大的减排市场，中国应加快碳排放交易体系的构建，并建立起严格的市场监管体系。此外国际上欧盟排放交易体系（EU-ETS）的快速发展，带动起全球碳市场的构建，今后我国也需建立起自身的碳排放贸易体系以取得未来全球碳市场中更大的话语权。

（四）加大低碳技术研发

发展低碳经济、构建低碳社会的重要途径还包含技术的进步。在低碳领域，发达国家的能源效率达45%，而中国只有35%。中国总体科技水平比较落后，低碳技术的建设与储备明显不足，在低碳技术方面与发达国家的差距很大。

发达国家在节约能源技术、可再生能源技术和碳捕捉与封存技术方面成果显著，且不断加大在工业节能方面的投入，多种节能设备及产品不断问世，能源利用效率稳步提高。美国加利福尼亚州第一座IGCC电站成功运行后，美国、英国、德国、日本、印度、荷兰等国纷纷加快IGCC示范电站创立进程；21世纪以后，混合动力技术逐渐成熟，法国发动的混合动力汽车研发计划、美国的燃料电动车示范项目、日本的氢能及燃料电池示范项目等取得了较大进步，大量的研究和开发资金投入节能环保汽车技术的发展[1]。

与此同时，中国由于自身产业结构的不合理与低碳科技能力低等因素，使得能源消耗一直呈现高碳结构，化石能源占中国总体能源结构的比重超过90%。因为中国正处于快速工业化和城市化的过程中，能源消耗大，今后应加快能源结构的转变，加大新能源比重；增强国际合作，从国外引进低碳发展相关的技术，大力发展以核能、太阳能、风能、海洋能等清洁能源和可再生能源为主的新能源开发，在降低对能源消耗的依赖的同时，保持产业持续较快发展。

---

① 任奔，凌芳. 国际低碳经济发展经验与启示 [J]. 上海节能，2009（4）：10-14.

第三节　促进当代青年争当低碳生活践行先锋

一、充分发挥媒体作用，引导青年低碳理念

　　各类新闻媒体的传递是提升公众低碳意识的重要方式。在现代社会中，大众传媒与青年日常生活的关系越来越密切，成为青年社会生活的不可缺少的组成部分。各类宣传媒介特别是青年接触较多的网络，对青年低碳紧迫感和主人翁意识的建立有较大影响。大众媒体的广泛宣传能够有效引起包括青年在内的社会公民对于低碳经济以及低碳生活方式的重视。从当前情况来看，关于低碳经济的宣传与低碳生活方式的引导还仅仅是行业媒体的小范围的尝试性实践，而当前持续恶化的环境问题以及我国推进低碳经济的现实诉求，则需要更多具有一定影响力的媒体将工作的重心转到低碳经济的宣传与低碳生活方式的引导上来。

　　在引导青年践行低碳理念时，应掌握大众传媒对青年群体的作用机理，利用青年喜闻乐见的形式进行思想教育，达到宣传低碳的目的。利用公益广告和宣传标语等基本措施引导青年了解低碳生活常识，潜移默化地养成低碳生活习惯；媒体也可报道低碳达人及其低碳事迹等为青年树立榜样，帮助青年重新树立一个以实现社会可持续发展为目标的全新价值观，让低碳在青年中成为一种时尚。

二、加强学校教育，强化低碳责任感与行为

　　要创新学校的教育方式，将低碳与教学相融合，在教学中贯彻低碳思想。在校大学生对未来社会发展具有重要的影响，他们的低碳意识和低碳行动对未来环境问题、气候变化问题的预防和解决将产生重要影响，是实现经济与社会可持续发展的关键[1]。大学生是青年群体中传播低碳理念和实践低碳发展的生力军，提高大学生的低碳意识可广泛带动青年群体树立正确的低碳理念，

---

[1]　索海钰. 青少年低碳意识与环境认知问题的实证研究 ［D］. 南昌：江西农业大学，2012.

主动参与低碳活动，形成具有持久性和明确性的低碳行为模式。为此，高校必然成为低碳教育的重要阵地，通过低碳教育优化大学生的知识结构，架起环保教育与低碳教育的桥梁，使低碳环保理念渗透到生活和生产中，引导青年参与具体的低碳实践活动，强化建设低碳经济的责任感。同时也应加强初中、高中时期的低碳环保素质教育。初高中是青少年世界观的形成时期，有必要从青少年世界观的形成初期就建立起扎实的低碳环保意识，扣好人生的第一颗扣子。

三、"低碳活动平凡化" 使低碳更大限度贴近青年生活

青年对低碳的关注程度不高，原因之一是低碳的"高度"过高。低碳的全球性使得青年产生一种距离感，潜意识里认为低碳是全人类的任务，个人贡献小。政府部门在宣传及组织低碳活动时应当注意摆正低碳的位置，纠正青年固有的思维模式，使低碳更贴近学习生活，成为青年能够接受的"平凡的低碳"。其次，应密切联系青年的切身利益和需求，全面调动他们的主动性，使他们以更饱满的热情开展低碳活动①。

低碳不仅是一场环境革命，更是一场深刻的经济社会革命。低碳不仅会带来一场新的技术革命，也将带来一场深刻的生活方式的革命。低碳生活是一种健康的生活方式，是面向后现代社会中以人为本、尊重个性发展的促进经济社会可持续发展的社会行为方式。伴随低碳经济不断深入发展的青年群体，则必然在社会化的进程中全面嵌入低碳经济的深刻影响，低碳消费将成为青年践行环保生活方式的新潮流，以低碳生活为主要表现形式的新的健康生活方式，将是一种面向后现代的主流生活方式，也是实现以创新、协调、绿色、开放、共享为代表的绿色发展的一个重要的途径和主题。

---

①　赵伊伊，等. 青少年低碳行为模式研究 [J]. 公会博览，2011（3）：23-26.

附录

"中国青年低碳生活方式研究"调查数据统计报告

调查省份

		频次	百分比（%）	有效百分比（%）	累计百分比（%）
Valid	甘肃	488	17.0	17.0	17.0
	辽宁	479	16.7	16.7	33.6
	贵州	468	16.3	16.3	49.9
	安徽	501	17.4	17.4	67.3
	上海	441	15.3	15.3	82.7
	河北	424	14.7	14.7	97.4
	山东	74	2.6	2.6	100.0
	Total	2875	100.0	100.0	

调查城市

		频次	百分比（%）	有效百分比（%）	累计百分比（%）
Valid	兰州	247	8.6	8.6	8.6
	酒泉	240	8.3	8.3	16.9
	沈阳	240	8.3	8.3	25.3
	抚顺	240	8.3	8.3	33.6
	贵阳	240	8.3	8.3	42.0
	遵义	230	8.0	8.0	50.0
	合肥	250	8.7	8.7	58.7
	黄山	251	8.7	8.7	67.4
	上海	441	15.3	15.3	82.7
	保定	225	7.8	7.8	90.6
	张家口	197	6.9	6.9	97.4
	德州	74	2.6	2.6	100.0
	Total	2875	100.0	100.0	

单位性质

		频次	百分比（%）	有效百分比（%）	累计百分比（%）
Valid	党政机关	224	7.8	11.1	11.1
	国有企事业单位	485	16.9	23.9	35.0
	非公组织	476	16.6	23.5	58.5
	农村乡镇	183	6.4	9.0	67.5
	城市街道社区	203	7.1	10.0	77.5
	学校	455	15.8	22.5	100.0
	Total	2026	70.5	100.0	
Missing	0	849	29.5		
Total		2875	100.0		

W01. 您的基本情况 A. 性别：

		频次	百分比（%）	有效百分比（%）	累计百分比（%）
Valid	男	1297	45.1	45.7	45.7
	女	1542	53.6	54.3	100.0
	Total	2839	98.7	100.0	
Missing	0	36	1.3		
Total		2875	100.0		

B. 年龄：（周岁）

		频次	百分比（%）	有效百分比（%）	累计百分比（%）
Valid	14 周岁	23	0.8	0.8	0.8
	15 周岁	41	1.4	1.4	2.3
	16 周岁	154	5.4	5.4	7.7
	17 周岁	101	3.5	3.6	11.3
	18 周岁	61	2.1	2.2	13.4
	19 周岁	101	3.5	3.6	17.0
	20 周岁	225	7.8	7.9	24.9
	21 周岁	101	3.5	3.6	28.5
	22 周岁	115	4.0	4.1	32.5
	23 周岁	132	4.6	4.7	37.2
	24 周岁	155	5.4	5.5	42.7
	25 周岁	229	8.0	8.1	50.7
	26 周岁	201	7.0	7.1	57.8
	27 周岁	225	7.8	7.9	65.8

	频次	百分比（%）	有效百分比（%）	累计百分比（%）
28 周岁	188	6.5	6.6	72.4
29 周岁	158	5.5	5.6	78.0
30 周岁	167	5.8	5.9	83.9
31 周岁	90	3.1	3.2	87.1
32 周岁	98	3.4	3.5	90.5
33 周岁	60	2.1	2.1	92.6
34 周岁	58	2.0	2.0	94.7
35 周岁	151	5.3	5.3	100.0
Total	2834	98.6	100.0	
Missing 0	41	1.4		
Total	2875	100.0		

C. 政治面貌：（限选一项）

		频次	百分比（%）	有效百分比（%）	累计百分比（%）
Valid	中共党员	905	31.5	31.8	31.8
	民主党派成员	35	1.2	1.2	33.1
	共青团员	1421	49.4	50.0	83.0
	以上都不是	483	16.8	17.0	100.0
	Total	2844	98.9	100.0	
Missing	0	31	1.1		
Total		2875	100.0		

D. 文化程度/目前在学情况：（限选一项）

		频次	百分比（%）	有效百分比（%）	累计百分比（%）
Valid	初中及以下	127	4.4	4.4	4.4
	高中/职高	540	18.8	18.8	23.3
	大专/高职	683	23.8	23.8	47.1
	本科	1361	47.3	47.5	94.6
	硕士研究生	149	5.2	5.2	99.8
	博士研究生	5	0.2	0.2	100.0
	Total	2865	99.7	100.0	
Missing	0	10	0.3		
Total		2875	100.0		

E. 婚姻状况：（限选一项）

		频次	百分比（%）	有效百分比（%）	累计百分比（%）
Valid	未婚	1776	61.8	62.3	62.3
	已婚	1034	36.0	36.3	98.6
	离异/丧偶	24	0.8	0.8	99.5
	未婚同居	15	0.5	0.5	100.0
	Total	2849	99.1	100.0	
Missing	0	26	0.9		
Total		2875	100.0		

F. 职业身份：（限选一项）

		频次	百分比（%）	有效百分比（%）	累计百分比（%）
Valid	在校中学生	389	13.5	13.7	13.7
	在校大学生	461	16.0	16.3	30.0
	党政机关青年	396	13.8	14.0	44.0
	国有/集体企业青年	472	16.4	16.7	60.7
	事业单位青年	422	14.7	14.9	75.6
	非公经济青年	258	9.0	9.1	84.7
	进城务工青年	123	4.3	4.3	89.0
	务农青年	53	1.8	1.9	90.9
	自由职业者	152	5.3	5.4	96.3
	无业/失业	33	1.1	1.2	97.4
	其他	73	2.5	2.6	100.0
	Total	2832	98.5	100.0	
Missing	0	43	1.5		
Total		2875	100.0		

G. 您家庭的月人均收入是：（限选一项）

		频次	百分比（%）	有效百分比（%）	累计百分比（%）
Valid	1000 元以下	301	10.5	10.6	10.6
	1001-3500 元	1436	49.9	50.5	61.1
	3501-5000 元	606	21.1	21.3	82.4
	5001-10000 元	319	11.1	11.2	93.7
	10001-20000 元	108	3.8	3.8	97.5
	20001-30000 元	33	1.1	1.2	98.6
	30001-50000 元	20	0.7	0.7	99.3

		频次	百分比（%）	有效百分比（%）	累计百分比（%）
	50001元以上	19	0.7	0.7	100.0
	Total	2842	98.9	100.0	
Missing	0	33	1.1		
Total		2875	100.0		

H. 您的家庭人均住房面积是：（限选一项）

		频次	百分比（%）	有效百分比（%）	累计百分比（%）
Valid	10平方米以下	183	6.4	6.4	6.4
	11—20平方米	475	16.5	16.7	23.2
	21—30平方米	645	22.4	22.7	45.9
	31—40平方米	432	15.0	15.2	61.1
	41—50平方米	224	7.8	7.9	69.0
	51—60平方米	270	9.4	9.5	78.5
	60平方米以上	611	21.3	21.5	100.0
	Total	2840	98.8	100.0	
Missing	0	35	1.2		
Total		2875	100.0		

W02. A. 您的宗教信仰情况是：（限选一项）

		频次	百分比（%）	有效百分比（%）	累计百分比（%）
Valid	没有	2081	72.4	81.2	81.2
	有	481	16.7	18.8	100.0
	Total	2562	89.1	100.0	
Missing	0	313	10.9		
Total		2875	100.0		

W03. 在您看来，推行低碳发展方式对我国经济社会发展的重要性是：（限选一项）

		频次	百分比（%）	有效百分比（%）	累计百分比（%）
Valid	很重要	1992	69.3	69.7	69.7
	比较重要	676	23.5	23.7	93.4
	不太重要	91	3.2	3.2	96.6
	很不重要	30	1.0	1.1	97.7
	说不清	67	2.3	2.3	100.0
	Total	2856	99.3	100.0	
Missing	0	19	0.7		
Total		2875	100.0		

W04. 您对下列概念的了解程度分别是：（0—10 分，0 代表根本不了解，10 分代表非常了解） A. 低碳经济

		频次	百分比（%）	有效百分比（%）	累计百分比（%）
Valid	0 分	340	11.8	12.2	12.2
	1 分	109	3.8	3.9	16.1
	2 分	167	5.8	6.0	22.0
	3 分	210	7.3	7.5	29.6
	4 分	119	4.1	4.3	33.8
	5 分	738	25.7	26.4	60.2
	6 分	246	8.6	8.8	69.0
	7 分	200	7.0	7.2	76.2
	8 分	359	12.5	12.8	89.0
	9 分	97	3.4	3.5	92.5
	10 分	209	7.3	7.5	100.0
	Total	2794	97.2	100.0	
Missing	System	81	2.8		
Total		2875	100.0		

B. 低碳政策

		频次	百分比（%）	有效百分比（%）	累计百分比（%）
Valid	0 分	413	14.4	14.9	14.9
	1 分	118	4.1	4.2	19.1
	2 分	207	7.2	7.4	26.5
	3 分	260	9.0	9.3	35.9
	4 分	174	6.1	6.3	42.1
	5 分	540	18.8	19.4	61.6
	6 分	283	9.8	10.2	71.7
	7 分	246	8.6	8.8	80.6
	8 分	295	10.3	10.6	91.2
	9 分	89	3.1	3.2	94.4
	10 分	156	5.4	5.6	100.0
	Total	2781	96.7	100.0	
Missing	System	94	3.3		
Total		2875	100.0		

C. 低碳产业

		频次	百分比（%）	有效百分比（%）	累计百分比（%）
Valid	0分	407	14.2	14.6	14.6
	1分	143	5.0	5.1	19.8
	2分	220	7.7	7.9	27.7
	3分	266	9.3	9.6	37.3
	4分	183	6.4	6.6	43.8
	5分	544	18.9	19.6	63.4
	6分	268	9.3	9.6	73.1
	7分	225	7.8	8.1	81.2
	8分	277	9.6	10.0	91.1
	9分	99	3.4	3.6	94.7
	10分	148	5.1	5.3	100.0
	Total	2780	96.7	100.0	
Missing	System	95	3.3		
Total		2875	100.0		

D. 低碳城市

		频次	百分比（%）	有效百分比（%）	累计百分比（%）
Valid	0分	268	9.3	9.6	9.6
	1分	89	3.1	3.2	12.8
	2分	167	5.8	6.0	18.8
	3分	190	6.6	6.8	25.6
	4分	157	5.5	5.6	31.3
	5分	664	23.1	23.8	55.1
	6分	305	10.6	10.9	66.0
	7分	254	8.8	9.1	75.1
	8分	343	11.9	12.3	87.4
	9分	113	3.9	4.1	91.5
	10分	237	8.2	8.5	100.0
	Total	2787	96.9	100.0	
Missing	System	88	3.1		
Total		2875	100.0		

E. 低碳生活

		频次	百分比（%）	有效百分比（%）	累计百分比（%）
Valid	0 分	158	5.5	5.7	5.7
	1 分	59	2.1	2.1	7.8
	2 分	124	4.3	4.4	12.2
	3 分	143	5.0	5.1	17.4
	4 分	124	4.3	4.4	21.8
	5 分	537	18.7	19.3	41.1
	6 分	279	9.7	10.0	51.1
	7 分	308	10.7	11.1	62.1
	8 分	480	16.7	17.2	79.4
	9 分	207	7.2	7.4	86.8
	10 分	368	12.8	13.2	100.0
	Total	2787	96.9	100.0	
Missing	System	88	3.1		
Total		2875	100.0		

F. 低碳技术

		频次	百分比（%）	有效百分比（%）	累计百分比（%）
Valid	0 分	478	16.6	17.2	17.2
	1 分	168	5.8	6.0	23.3
	2 分	252	8.8	9.1	32.3
	3 分	271	9.4	9.8	42.1
	4 分	209	7.3	7.5	49.6
	5 分	522	18.2	18.8	68.4
	6 分	240	8.3	8.6	77.0
	7 分	198	6.9	7.1	84.2
	8 分	232	8.1	8.4	92.5
	9 分	83	2.9	3.0	95.5
	10 分	125	4.3	4.5	100.0
	Total	2778	96.6	100.0	
Missing	System	97	3.4		
Total		2875	100.0		

G. 碳足迹

		频次	百分比（%）	有效百分比（%）	累计百分比（%）
Valid	0 分	865	30.1	31.1	31.1
	1 分	165	5.7	5.9	37.1
	2 分	218	7.6	7.8	44.9
	3 分	211	7.3	7.6	52.5
	4 分	159	5.5	5.7	58.2
	5 分	430	15.0	15.5	73.7
	6 分	209	7.3	7.5	81.2
	7 分	167	5.8	6.0	87.2
	8 分	159	5.5	5.7	92.9
	9 分	65	2.3	2.3	95.3
	10 分	132	4.6	4.7	100.0
	Total	2780	96.7	100.0	
Missing	System	95	3.3		
Total		2875	100.0		

H. 碳交易

		频次	百分比（%）	有效百分比（%）	累计百分比（%）
Valid	0 分	990	34.4	35.6	35.6
	1 分	213	7.4	7.7	43.3
	2 分	237	8.2	8.5	51.8
	3 分	229	8.0	8.2	60.1
	4 分	150	5.2	5.4	65.5
	5 分	385	13.4	13.9	79.3
	6 分	152	5.3	5.5	84.8
	7 分	138	4.8	5.0	89.8
	8 分	131	4.6	4.7	94.5
	9 分	54	1.9	1.9	96.4
	10 分	99	3.4	3.6	100.0
	Total	2778	96.6	100.0	
Missing	System	97	3.4		
Total		2875	100.0		

I. 碳封存

		频次	百分比（%）	有效百分比（%）	累计百分比（%）
Valid	0 分	1202	41.8	43.3	43.3
	1 分	260	9.0	9.4	52.7
	2 分	212	7.4	7.6	60.3
	3 分	178	6.2	6.4	66.7
	4 分	135	4.7	4.9	71.6
	5 分	318	11.1	11.5	83.0
	6 分	137	4.8	4.9	88.0
	7 分	113	3.9	4.1	92.0
	8 分	103	3.6	3.7	95.7
	9 分	53	1.8	1.9	97.7
	10 分	65	2.3	2.3	100.0
	Total	2776	96.6	100.0	
Missing	System	99	3.4		
Total		2875	100.0		

W09. 对于以下观点，您的态度是：（每行限选一项）A. 人类应该在遵从自然规律的基础上从事各种活动

		频次	百分比（%）	有效百分比（%）	累计百分比（%）
Valid	非常同意	1824	63.4	65.4	65.4
	比较同意	821	28.6	29.4	94.8
	不大同意	98	3.4	3.5	98.3
	很不同意	19	0.7	0.7	99.0
	说不清	29	1.0	1.0	100.0
	Total	2791	97.1	100.0	
Missing	0	84	2.9		
Total		2875	100.0		

B. 低碳与我们的生活息息相关

		频次	百分比（%）	有效百分比（%）	累计百分比（%）
Valid	非常同意	1993	69.3	71.4	71.4
	比较同意	669	23.3	24.0	95.4
	不大同意	89	3.1	3.2	98.6
	很不同意	15	0.5	0.5	99.1
	说不清	24	0.8	0.9	100.0
	Total	2790	97.0	100.0	

		频次	百分比（%）	有效百分比（%）	累计百分比（%）
Missing	0	85	3.0		
Total		2875	100.0		

C. 低碳生活是人类存在发展的基础

		频次	百分比（%）	有效百分比（%）	累计百分比（%）
Valid	非常同意	1419	49.4	51.5	51.5
	比较同意	969	33.7	35.1	86.6
	不大同意	258	9.0	9.4	96.0
	很不同意	55	1.9	2.0	98.0
	说不清	56	1.9	2.0	100.0
	Total	2757	95.9	100.0	
Missing	0	118	4.1		
Total		2875	100.0		

D. 低碳生活是低品质的生活

		频次	百分比（%）	有效百分比（%）	累计百分比（%）
Valid	非常同意	553	19.2	20.1	20.1
	比较同意	371	12.9	13.5	33.5
	不大同意	551	19.2	20.0	53.5
	很不同意	1182	41.1	42.9	96.4
	说不清	100	3.5	3.6	100.0
	Total	2757	95.9	100.0	
Missing	0	118	4.1		
Total		2875	100.0		

E. 低碳生活是一种时尚的生活方式

		频次	百分比（%）	有效百分比（%）	累计百分比（%）
Valid	非常同意	1032	35.9	37.6	37.6
	比较同意	971	33.8	35.4	73.0
	不大同意	479	16.7	17.5	90.5
	很不同意	121	4.2	4.4	94.9
	说不清	141	4.9	5.1	100.0
	Total	2744	95.4	100.0	
Missing	0	131	4.6		
Total		2875	100.0		

F. 低碳生活尽管会带来不便，但带来的益处更多

		频次	百分比（%）	有效百分比（%）	累计百分比（%）
Valid	非常同意	1188	41.3	42.9	42.9
	比较同意	1132	39.4	40.9	83.8
	不大同意	286	9.9	10.3	94.1
	很不同意	79	2.7	2.9	97.0
	说不清	84	2.9	3.0	100.0
	Total	2769	96.3	100.0	
Missing	0	106	3.7		
Total		2875	100.0		

G. 青年应该率先践行低碳生活方式

		频次	百分比（%）	有效百分比（%）	累计百分比（%）
Valid	非常同意	1639	57.0	59.0	59.0
	比较同意	887	30.9	31.9	91.0
	不大同意	154	5.4	5.5	96.5
	很不同意	51	1.8	1.8	98.3
	说不清	46	1.6	1.7	100.0
	Total	2777	96.6	100.0	
Missing	0	98	3.4		
Total		2875	100.0		

H. 低碳认证标志应成为商标标识的一部分

		频次	百分比（%）	有效百分比（%）	累计百分比（%）
Valid	非常同意	1332	46.3	47.9	47.9
	比较同意	1024	35.6	36.8	84.8
	不大同意	212	7.4	7.6	92.4
	很不同意	59	2.1	2.1	94.5
	说不清	152	5.3	5.5	100.0
	Total	2779	96.7	100.0	
Missing	0	96	3.3		
Total		2875	100.0		

W10. A. 为了保护环境而需要牺牲一些个人收入，您的态度是：（限选一项）

		频次	百分比（%）	有效百分比（%）	累计百分比（%）
Valid	很愿意	471	16.4	16.5	16.5
	比较愿意	1310	45.6	45.9	62.5

		691	24.0	24.2	86.7
	不太愿意	691	24.0	24.2	86.7
	很不愿意	210	7.3	7.4	94.1
	说不清	169	5.9	5.9	100.0
	Total	2851	99.2	100.0	
Missing	0	24	0.8		
Total		2875	100.0		

B. 如果需要为日常消费而产生的二氧化碳付费，您的态度是：（限选一项）

		频次	百分比（%）	有效百分比（%）	累计百分比（%）
Valid	很愿意	311	10.8	10.9	10.9
	比较愿意	979	34.1	34.4	45.3
	不太愿意	1057	36.8	37.2	82.5
	很不愿意	353	12.3	12.4	94.9
	说不清	145	5.0	5.1	100.0
	Total	2845	99.0	100.0	
Missing	0	30	1.0		
Total		2875	100.0		

C. 如果需要为降低碳排放而让您改变自己的生活习惯，您的态度是：（限选一项）

		频次	百分比（%）	有效百分比（%）	累计百分比（%）
Valid	很愿意	660	23.0	23.2	23.2
	比较愿意	1555	54.1	54.6	77.8
	不太愿意	432	15.0	15.2	93.0
	很不愿意	102	3.5	3.6	96.6
	说不清	98	3.4	3.4	100.0
	Total	2847	99.0	100.0	
Missing	0	28	1.0		
Total		2875	100.0		

D. 如果以植树方式来补偿您的日常生活碳排放，您的态度是：（限选一项）

		频次	百分比（%）	有效百分比（%）	累计百分比（%）
Valid	很愿意	1497	52.1	52.5	52.5
	比较愿意	1098	38.2	38.5	91.0
	不太愿意	159	5.5	5.6	96.6
	很不愿意	46	1.6	1.6	98.2
	说不清	52	1.8	1.8	100.0

	Total		2852	99.2	100.0
Missing	0		23	0.8	
Total			2875	100.0	

W11. 目前您所居住的地方,用的灯具主要是:(限选一项)

		频次	百分比(%)	有效百分比(%)	累计百分比(%)
Valid	节能灯	2064	71.8	72.8	72.8
	日光灯	496	17.3	17.5	90.3
	白炽灯	251	8.7	8.9	99.1
	煤油灯/蜡烛	17	0.6	0.6	99.7
	其他	8	0.3	0.3	100.0
	Total	2836	98.6	100.0	
Missing	0	39	1.4		
Total		2875	100.0		

W12. 您购物后盛装物品的东西通常是:(限选一项)

		频次	百分比(%)	有效百分比(%)	累计百分比(%)
Valid	塑料袋	1224	42.6	43.1	43.1
	纸袋	419	14.6	14.8	57.9
	可重复使用购物袋	1027	35.7	36.2	94.1
	不使用任何袋子	131	4.6	4.6	98.7
	其他	36	1.3	1.3	100.0
	Total	2837	98.7	100.0	
Missing	0	38	1.3		
Total		2875	100.0		

W13. A. 您在家吃饭时,菜的剩余情况一般是:(限选一项)

		频次	百分比(%)	有效百分比(%)	累计百分比(%)
Valid	基本不剩菜	734	25.5	25.8	25.8
	偶尔有剩菜被倒掉	892	31.0	31.4	57.2
	偶尔有剩菜,留着下餐吃	816	28.4	28.7	85.8
	经常有剩菜被倒掉	108	3.8	3.8	89.6
	经常有剩菜,但一般都留着下餐吃	295	10.3	10.4	100.0
	Total	2845	99.0	100.0	
Missing	0	30	1.0		
Total		2875	100.0		

B. 在外出就餐并由您结账时, 您对剩饭剩菜一般的处理方式是: (限选一项)

		频次	百分比 (%)	有效百分比 (%)	累计百分比 (%)
Valid	对吃剩的都打包	488	17.0	17.3	17.3
	对吃剩的选择性打包	2113	73.5	74.9	92.2
	从来不打包	220	7.7	7.8	100.0
	Total	2821	98.1	100.0	
Missing	0	54	1.9		
Total		2875	100.0		

W14. 您在外就餐的频率平均是: (限选一项)

		频次	百分比 (%)	有效百分比 (%)	累计百分比 (%)
Valid	每天至少一次	332	11.5	11.7	11.7
	2—3 天一次	561	19.5	19.8	31.5
	4—5 天一次	346	12.0	12.2	43.7
	每周一次	562	19.5	19.8	63.6
	每两周一次	344	12.0	12.1	75.7
	每三周一次	173	6.0	6.1	81.8
	每月一次	297	10.3	10.5	92.3
	两月及以上	218	7.6	7.7	100.0
	Total	2833	98.5	100.0	
Missing	0	42	1.5		
Total		2875	100.0		

W15. 碳足迹是指一个人的碳耗用量 (如用水用电、买衣服等)。在您的家人中: A. 碳足迹最少的是:

		频次	百分比 (%)	有效百分比 (%)	累计百分比 (%)
Valid	自己	732	25.5	29.6	29.6
	爱人	204	7.1	8.2	37.8
	父亲 (含配偶的父亲)	676	23.5	27.3	65.1
	母亲 (含配偶的母亲)	631	21.9	25.5	90.6
	儿子	103	3.6	4.2	94.8
	女儿	74	2.6	3.0	97.8
	其他	55	1.9	2.2	100.0
	Total	2475	86.1	100.0	
Missing	0	400	13.9		
Total		2875	100.0		

B. 碳足迹最多的是:

		频次	百分比（%）	有效百分比（%）	累计百分比（%）
Valid	自己	1055	36.7	43.1	43.1
	爱人	328	11.4	13.4	56.5
	父亲（含配偶的父亲）	415	14.4	17.0	73.5
	母亲（含配偶的母亲）	316	11.0	12.9	86.4
	儿子	128	4.5	5.2	91.7
	女儿	104	3.6	4.3	95.9
	其他	100	3.5	4.1	100.0
	Total	2446	85.1	100.0	
Missing	0	429	14.9		
Total		2875	100.0		

W16. 您在送礼品时，礼品的包装情况是:（限选一项）

		频次	百分比（%）	有效百分比（%）	累计百分比（%）
Valid	全部是精包装	238	8.3	8.4	8.4
	大部分是精包装	755	26.3	26.6	35.0
	一半精包装、一半简单包装	674	23.4	23.8	58.8
	大部分是简单包装	758	26.4	26.7	85.6
	全部是简单包装	409	14.2	14.4	100.0
	Total	2834	98.6	100.0	
Missing	0	41	1.4		
Total		2875	100.0		

W17. 对于废弃的报纸或书刊，您一般的处理方式是:（限选一项）

		频次	百分比（%）	有效百分比（%）	累计百分比（%）
Valid	直接丢弃	292	10.2	10.3	10.3
	分类整理好丢弃	408	14.2	14.4	24.8
	卖掉	1931	67.2	68.3	93.0
	捐赠	134	4.7	4.7	97.8
	其他	63	2.2	2.2	100.0
	Total	2828	98.4	100.0	
Missing	0	47	1.6		
Total		2875	100.0		

W18. 在有电梯的建筑物里，您使用电梯的习惯是：（限选一项）

		频次	百分比（%）	有效百分比（%）	累计百分比（%）
Valid	基本都是爬楼梯	362	12.6	12.7	12.7
	在 7 层及以上才用电梯	639	22.2	22.5	35.2
	在 5—6 层及以上才用电梯	664	23.1	23.4	58.6
	在 3—4 层就用电梯	326	11.3	11.5	70.1
	能用电梯就不走楼梯	747	26.0	26.3	96.4
	有急事才用电梯	102	3.5	3.6	100.0
	Total	2840	98.8	100.0	
Missing	0	35	1.2		
Total		2875	100.0		

W19. A. 您目前平均每天抽烟的量是：（限选一项）

		频次	百分比（%）	有效百分比（%）	累计百分比（%）
Valid	不吸	2207	76.8	77.6	77.6
	1–5 支	312	10.9	11.0	88.5
	6–10 支	196	6.8	6.9	95.4
	11–20 支	95	3.3	3.3	98.8
	20 支以上	35	1.2	1.2	100.0
	Total	2845	99.0	100.0	
Missing	0	30	1.0		
Total		2875	100.0		

B. 您在社会交往过程中：（限选一项）

		频次	百分比（%）	有效百分比（%）	累计百分比（%）
Valid	从不吸烟也不递烟	1951	67.9	69.6	69.6
	给人递烟但不吸烟	335	11.7	12.0	81.6
	别人给才吸	189	6.6	6.7	88.3
	主动吸烟并递烟	328	11.4	11.7	100.0
	Total	2803	97.5	100.0	
Missing	0	72	2.5		
Total		2875	100.0		

W20. 相比功能类似的正常能耗产品，您愿意为购买节能产品而多花的钱是：（限选一项）

		频次	百分比（%）	有效百分比（%）	累计百分比（%）
Valid	不多花钱	786	27.3	27.8	27.8
	多花正常能耗产品价格的5%及以下	707	24.6	25.0	52.8
	多花正常能耗产品价格的5%—10%	737	25.6	26.1	78.8
	多花正常能耗产品价格的10%—20%	377	13.1	13.3	92.2
	多花正常能耗产品价格的20%—30%	122	4.2	4.3	96.5
	多花正常能耗产品价格的30%以上	100	3.5	3.5	100.0
	Total	2829	98.4	100.0	
Missing	0	46	1.6		
Total		2875	100.0		

W21. 您常用的通信方式是：（限选一项）

		频次	白分比（%）	有效白分比（%）	累计白分比（%）
Valid	手机	2271	79.0	83.6	83.6
	固定电话	132	4.6	4.9	88.5
	网络通信软件	64	2.2	2.4	90.8
	纸质信件	7	0.2	0.3	91.1
	QQ等即时通信	165	5.7	6.1	97.2
	微信	59	2.1	2.2	99.3
	微博	15	0.5	0.6	99.9
	其他	3	0.1	0.1	100.0
	Total	2716	94.5	100.0	
Missing	0	159	5.5		
Total		2875	100.0		

W22. 对于约定时间开展的活动，您一般会：（限选一项）

		频次	百分比（%）	有效百分比（%）	累计百分比（%）
Valid	提前到达	1474	51.3	51.7	51.7
	准时到达	1125	39.1	39.4	91.1
	迟到不超过 1 分钟	125	4.3	4.4	95.5
	迟到 1—5 分钟	64	2.2	2.2	97.8
	迟到 6—10 分钟	28	1.0	1.0	98.7
	迟到 11—15 分钟	19	0.7	0.7	99.4
	迟到 16—30 分钟	10	0.3	0.4	99.8
	迟到 30 分钟以上	7	0.2	0.2	100.0
	Total	2852	99.2	100.0	
Missing	0	23	0.8		
Total		2875	100.0		

W23. 我国排放的二氧化碳中有 30%是由居民生活造成的。全国 1.5 亿台空调由 26 摄氏度调高到 27 摄氏度，可减排二氧化碳 317 万吨/年；1248 万辆私人轿车每月少开一天，可减排二氧化碳 122 万吨/年。对于以下行为的描述，与您实际情况的相符程度是：（每行限选一项）A. 尽量选择步行和骑自行车出行

		频次	百分比（%）	有效百分比（%）	累计百分比（%）
Valid	完全符合	1244	43.3	44.3	44.3
	比较符合	984	34.2	35.0	79.3
	不大符合	463	16.1	16.5	95.8
	很不符合	86	3.0	3.1	98.9
	说不清	32	1.1	1.1	100.0
	Total	2809	97.7	100.0	
Missing	0	66	2.3		
Total		2875	100.0		

B. 外出时自带日常生活用品

		频次	百分比（%）	有效百分比（%）	累计百分比（%）
Valid	完全符合	1155	40.2	41.3	41.3
	比较符合	1198	41.7	42.8	84.0
	不大符合	363	12.6	13.0	97.0
	很不符合	57	2.0	2.0	99.0
	说不清	27	0.9	1.0	100.0
	Total	2800	97.4	100.0	

		频次	百分比（%）	有效百分比（%）	累计百分比（%）
Missing	0	75	2.6		
Total		2875	100.0		

C. 不购买过度包装的产品

		频次	百分比（%）	有效百分比（%）	累计百分比（%）
Valid	完全符合	1098	38.2	39.3	39.3
	比较符合	1285	44.7	46.0	85.2
	不大符合	328	11.4	11.7	97.0
	很不符合	39	1.4	1.4	98.4
	说不清	46	1.6	1.6	100.0
	Total	2796	97.3	100.0	
Missing	0	79	2.7		
Total		2875	100.0		

D. 已经淘汰了一些高耗能的家用电器

		频次	百分比（%）	有效百分比（%）	累计百分比（%）
Valid	完全符合	781	27.2	28.0	28.0
	比较符合	1260	43.8	45.1	73.1
	不大符合	568	19.8	20.4	93.5
	很不符合	91	3.2	3.3	96.7
	说不清	91	3.2	3.3	100.0
	Total	2791	97.1	100.0	
Missing	0	84	2.9		
Total		2875	100.0		

E. 在日常生活中，我尽可能地节水节电

		频次	百分比（%）	有效百分比（%）	累计百分比（%）
Valid	完全符合	1170	40.7	41.9	41.9
	比较符合	1321	45.9	47.3	89.2
	不大符合	251	8.7	9.0	98.1
	很不符合	25	0.9	0.9	99.0
	说不清	27	0.9	1.0	100.0
	Total	2794	97.2	100.0	
Missing	0	81	2.8		
Total		2875	100.0		

191

F. 减少使用一次性用品

		频次	百分比（%）	有效百分比（%）	累计百分比（%）
Valid	完全符合	1088	37.8	39.0	39.0
	比较符合	1315	45.7	47.1	86.1
	不大符合	316	11.0	11.3	97.4
	很不符合	32	1.1	1.1	98.5
	说不清	41	1.4	1.5	100.0
	Total	2792	97.1	100.0	
Missing	0	83	2.9		
Total		2875	100.0		

G. 家里多养花种草，绿化居室环境

		频次	百分比（%）	有效百分比（%）	累计百分比（%）
Valid	完全符合	1254	43.6	45.1	45.1
	比较符合	1083	37.7	38.9	84.0
	不大符合	345	12.0	12.4	96.4
	很不符合	69	2.4	2.5	98.9
	说不清	32	1.1	1.1	100.0
	Total	2783	96.8	100.0	
Missing	0	92	3.2		
Total		2875	100.0		

H. 对家里可以回收的废品进行分类整理

		频次	百分比（%）	有效百分比（%）	累计百分比（%）
Valid	完全符合	929	32.3	33.3	33.3
	比较符合	1129	39.3	40.5	73.8
	不大符合	579	20.1	20.8	94.6
	很不符合	106	3.7	3.8	98.4
	说不清	44	1.5	1.6	100.0
	Total	2787	96.9	100.0	
Missing	0	88	3.1		
Total		2875	100.0		

I. 多在户外运动锻炼，少去健身房

		频次	百分比（%）	有效百分比（%）	累计百分比（%）
Valid	完全符合	1133	39.4	40.6	40.6
	比较符合	1086	37.8	39.0	79.6
	不大符合	420	14.6	15.1	94.7
	很不符合	72	2.5	2.6	97.2
	说不清	77	2.7	2.8	100.0
	Total	2788	97.0	100.0	
Missing	0	87	3.0		
Total		2875	100.0		

J. 少喝瓶装饮料，多喝白开水

		频次	百分比（%）	有效百分比（%）	累计百分比（%）
Valid	完全符合	1195	41.6	42.9	42.9
	比较符合	1064	37.0	38.2	81.1
	不大符合	419	14.6	15.0	96.1
	很不符合	78	2.7	2.8	98.9
	说不清	31	1.1	1.1	100.0
	Total	2787	96.9	100.0	
Missing	0	88	3.1		
Total		2875	100.0		

K. 在家尽量不开空调，若开，则在 26 摄氏度以上

		频次	百分比（%）	有效百分比（%）	累计百分比（%）
Valid	完全符合	1124	39.1	40.3	40.3
	比较符合	1108	38.5	39.7	80.0
	不大符合	363	12.6	13.0	93.0
	很不符合	109	3.8	3.9	97.0
	说不清	85	3.0	3.0	100.0
	Total	2789	97.0	100.0	
Missing	0	86	3.0		
Total		2875	100.0		

L. 在办公室尽量不开空调，若开，则在 26 摄氏度以上

		频次	百分比（%）	有效百分比（%）	累计百分比（%）
Valid	完全符合	960	33.4	34.5	34.5
	比较符合	1114	38.7	40.1	74.6
	不大符合	440	15.3	15.8	90.4
	很不符合	134	4.7	4.8	95.2
	说不清	133	4.6	4.8	100.0
	Total	2781	96.7	100.0	
Missing	0	94	3.3		
Total		2875	100.0		

M. 向家人朋友宣传低碳生活

		频次	百分比（%）	有效百分比（%）	累计百分比（%）
Valid	完全符合	845	29.4	30.2	30.2
	比较符合	1057	36.8	37.8	68.1
	不大符合	643	22.4	23.0	91.1
	很不符合	153	5.3	5.5	96.6
	说不清	96	3.3	3.4	100.0
	Total	2794	97.2	100.0	
Missing	0	81	2.8		
Total		2875	100.0		

B. 如果您没有汽车，您对拥有汽车的愿望是：（限选一项）

		频次	百分比（%）	有效百分比（%）	累计百分比（%）
Valid	非常强烈	373	13.0	13.4	13.4
	比较强烈	951	33.1	34.1	47.5
	不太强烈	1126	39.2	40.4	87.8
	很不强烈	203	7.1	7.3	95.1
	说不清	136	4.7	4.9	100.0
	Total	2789	97.0	100.0	
Missing	0	86	3.0		
Total		2875	100.0		

C. 如果您的车比别人差，您的反应是：（限选一项）

		频次	百分比（%）	有效百分比（%）	累计百分比（%）
Valid	想拥有好车，并努力实现	665	23.1	23.7	23.7
	想拥有好车，但顺其自然	1385	48.2	49.3	73.0
	即使能买得起好车也不买	354	12.3	12.6	85.6
	说不清	404	14.1	14.4	100.0
	Total	2808	97.7	100.0	
Missing	0	67	2.3		
Total		2875	100.0		

W25. 您平常每天在家与单位（学校）之间所花费的时间：（请填写数字，精确到个位数）A. 从家到单位（学校）的时间：（分钟）

		频次	百分比（%）	有效百分比（%）	累计百分比（%）
Valid	5分钟以内	303	10.5	11.0	11.0
	6—10分钟	481	16.7	17.5	28.5
	11—15分钟	338	11.8	12.3	40.8
	16—20分钟	409	14.2	14.9	55.7
	21—25分钟	97	3.4	3.5	59.2
	26—30分钟	459	16.0	16.7	75.9
	31—40分钟	216	7.5	7.9	83.8
	41—50分钟	123	4.3	4.5	88.3
	51—60分钟	184	6.4	6.7	95.0
	61—90分钟	76	2.6	2.8	97.7
	91分钟及以上	62	2.2	2.3	100.0
	Total	2748	95.6	100.0	
Missing	System	127	4.4		
Total		2875	100.0		

B. 从单位（学校）返回家里的时间：（分钟）

		频次	百分比（%）	有效百分比（%）	累计百分比（%）
Valid	5分钟以内	278	9.7	10.2	10.2
	6—10分钟	439	15.3	16.1	26.4
	11—15分钟	319	11.1	11.7	38.1
	16—20分钟	385	13.4	14.1	52.2
	21—25分钟	94	3.3	3.5	55.7
	26—30分钟	421	14.6	15.5	71.2

		频次	百分比（%）	有效百分比（%）	累计百分比（%）
	31—40 分钟	259	9.0	9.5	80.7
	41—50 分钟	154	5.4	5.7	86.3
	51—60 分钟	190	6.6	7.0	93.3
	61—90 分钟	111	3.9	4.1	97.4
	91 分钟及以上	71	2.5	2.6	100.0
	Total	2721	94.6	100.0	
Missing	System	154	5.4		
Total		2875	100.0		

W27. A. 在您看来，低碳生活对您收入的影响是：（限选一项）

		频次	百分比（%）	有效百分比（%）	累计百分比（%）
Valid	收入增加很多	178	6.2	6.3	6.3
	收入增加一些	617	21.5	21.9	28.2
	收入没有变化	854	29.7	30.3	58.5
	收入有所减少	233	8.1	8.3	66.7
	收入极大减少	52	1.8	1.8	68.6
	说不清	886	30.8	31.4	100.0
	Total	2820	98.1	100.0	
Missing	0	55	1.9		
Total		2875	100.0		

B. 在您看来，实行低碳生活对您生活环境质量的影响是：（限选一项）

		频次	百分比（%）	有效百分比（%）	累计百分比（%）
Valid	极大地提升	480	16.7	16.9	16.9
	较大地提升	1331	46.3	46.8	63.7
	没有影响	376	13.1	13.2	76.9
	较大地降低	46	1.6	1.6	78.5
	极大地降低	55	1.9	1.9	80.4
	说不清	557	19.4	19.6	100.0
	Total	2845	99.0	100.0	
Missing	0	30	1.0		
Total		2875	100.0		

W28. 对于以下观点和说法，您的态度是：（每行限选一项）A. 环境问题是我国当前最为严峻的问题之一

		频次	百分比（%）	有效百分比（%）	累计百分比（%）
Valid	非常同意	1937	67.4	68.8	68.8
	比较同意	784	27.3	27.8	96.6
	不大同意	61	2.1	2.2	98.8
	很不同意	14	0.5	0.5	99.3
	说不清	20	0.7	0.7	100.0
	Total	2816	97.9	100.0	
Missing	0	59	2.1		
Total		2875	100.0		

B. 气候变暖是全人类面临的共同挑战

		频次	百分比（%）	有效百分比（%）	累计百分比（%）
Valid	非常同意	1852	64.4	65.8	65.8
	比较同意	835	29.0	29.7	95.5
	不大同意	87	3.0	3.1	98.6
	很不同意	17	0.6	0.6	99.2
	说不清	23	0.8	0.8	100.0
	Total	2814	97.9	100.0	
Missing	0	61	2.1		
Total		2875	100.0		

C. 改善环境需要加快经济增长方式的转变

		频次	百分比（%）	有效百分比（%）	累计百分比（%）
Valid	非常同意	1418	49.3	50.6	50.6
	比较同意	1005	35.0	35.8	86.4
	不大同意	271	9.4	9.7	96.1
	很不同意	43	1.5	1.5	97.6
	说不清	67	2.3	2.4	100.0
	Total	2804	97.5	100.0	
Missing	0	71	2.5		
Total		2875	100.0		

D. 经济发展和环境保护是一对难解的矛盾

		频次	百分比（%）	有效百分比（%）	累计百分比（%）
Valid	非常同意	900	31.3	32.2	32.2
	比较同意	938	32.6	33.6	65.8
	不大同意	666	23.2	23.8	89.7
	很不同意	196	6.8	7.0	96.7
	说不清	93	3.2	3.3	100.0
	Total	2793	97.1	100.0	
Missing	0	82	2.9		
Total		2875	100.0		

E. 政府应该花更多的钱来保护环境

		频次	百分比（%）	有效百分比（%）	累计百分比（%）
Valid	非常同意	1298	45.1	46.5	46.5
	比较同意	1078	37.5	38.6	85.0
	不大同意	327	11.4	11.7	96.7
	很不同意	49	1.7	1.8	98.5
	说不清	42	1.5	1.5	100.0
	Total	2794	97.2	100.0	
Missing	0	81	2.8		
Total		2875	100.0		

F. 我国的经济发展是以牺牲环境为代价的

		频次	百分比（%）	有效百分比（%）	累计百分比（%）
Valid	非常同意	1119	38.9	40.1	40.1
	比较同意	1033	35.9	37.0	77.0
	不大同意	398	13.8	14.2	91.3
	很不同意	173	6.0	6.2	97.5
	说不清	71	2.5	2.5	100.0
	Total	2794	97.2	100.0	
Missing	0	81	2.8		
Total		2875	100.0		

G. 保护环境的收益会远远大于所投入的费用

		频次	百分比（%）	有效百分比（%）	累计百分比（%）
Valid	非常同意	1299	45.2	46.5	46.5
	比较同意	1011	35.2	36.2	82.8
	不大同意	302	10.5	10.8	93.6
	很不同意	87	3.0	3.1	96.7
	说不清	92	3.2	3.3	100.0
	Total	2791	97.1	100.0	
Missing	0	84	2.9		
Total		2875	100.0		

H. 每个人在日常生活中都应该对环境负责

		频次	百分比（%）	有效百分比（%）	累计百分比（%）
Valid	非常同意	1781	61.9	63.8	63.8
	比较同意	844	29.4	30.2	94.1
	不大同意	126	4.4	4.5	98.6
	很不同意	28	1.0	1.0	99.6
	说不清	12	0.4	0.4	100.0
	Total	2791	97.1	100.0	
Missing	0	84	2.9		
Total		2875	100.0		

I. 低碳经济是解决环境问题的有效途径

		频次	百分比（%）	有效百分比（%）	累计百分比（%）
Valid	非常同意	1416	49.3	50.6	50.6
	比较同意	1108	38.5	39.6	90.3
	不大同意	180	6.3	6.4	96.7
	很不同意	33	1.1	1.2	97.9
	说不清	59	2.1	2.1	100.0
	Total	2796	97.3	100.0	
Missing	0	79	2.7		
Total		2875	100.0		

J. 发展低碳经济是中国负责任形象的展示

		频次	百分比（%）	有效百分比（%）	累计百分比（%）
Valid	非常同意	1438	50.0	51.4	51.4
	比较同意	1048	36.5	37.5	88.8
	不大同意	203	7.1	7.3	96.1
	很不同意	37	1.3	1.3	97.4
	说不清	72	2.5	2.6	100.0
	Total	2798	97.3	100.0	
Missing	0	77	2.7		
Total		2875	100.0		

K. 我们今天保护好环境，子孙后代就会从中受益

		频次	百分比（%）	有效百分比（%）	累计百分比（%）
Valid	非常同意	1854	64.5	66.5	66.5
	比较同意	775	27.0	27.8	94.3
	不大同意	109	3.8	3.9	98.2
	很不同意	22	0.8	0.8	99.0
	说不清	28	1.0	1.0	100.0
	Total	2788	97.0	100.0	
Missing	0	87	3.0		
Total		2875	100.0		

L. 推行低碳是西方国家阻碍发展中国家发展的阴谋论

		频次	百分比（%）	有效百分比（%）	累计百分比（%）
Valid	非常同意	602	20.9	21.6	21.6
	比较同意	509	17.7	18.2	39.8
	不大同意	719	25.0	25.8	65.6
	很不同意	730	25.4	26.2	91.7
	说不清	231	8.0	8.3	100.0
	Total	2791	97.1	100.0	
Missing	0	84	2.9		
Total		2875	100.0		

M. 中国要控制或影响世界产油地区来强化能源安全

		频次	百分比（%）	有效百分比（%）	累计百分比（%）
Valid	非常同意	799	27.8	28.5	28.5
	比较同意	851	29.6	30.4	58.9
	不大同意	550	19.1	19.6	78.6
	很不同意	206	7.2	7.4	85.9
	说不清	394	13.7	14.1	100.0
	Total	2800	97.4	100.0	
Missing	0	75	2.6		
Total		2875	100.0		

W29. A. 您觉得自己的日常生活方式导致的碳排放对环境的影响程度是：（限选一项）

		频次	百分比（%）	有效百分比（%）	累计百分比（%）
Valid	很大	219	7.6	7.7	7.7
	比较大	590	20.5	20.8	28.5
	比较小	1264	44.0	44.5	73.0
	很小	599	20.8	21.1	94.1
	说不清	169	5.9	5.9	100.0
	Total	2841	98.8	100.0	
Missing	0	34	1.2		
Total		2875	100.0		

B. 您对自己的消费行为对环境造成影响的关注程度是：（限选一项）

		频次	百分比（%）	有效百分比（%）	累计百分比（%）
Valid	非常关注	250	8.7	8.8	8.8
	比较关注	1214	42.2	42.8	51.6
	不太关注	1146	39.9	40.4	92.0
	从不关注	102	3.5	3.6	95.6
	说不清	126	4.4	4.4	100.0
	Total	2838	98.7	100.0	
Missing	0	37	1.3		
Total		2875	100.0		

W30. 您对所在社区的环保现状的满意程度是：（限选一项）

		频次	百分比（%）	有效百分比（%）	累计百分比（%）
Valid	非常满意	226	7.9	8.0	8.0
	比较满意	1200	41.7	42.3	50.2
	不太满意	1087	37.8	38.3	88.5
	很不满意	213	7.4	7.5	96.0
	说不清	113	3.9	4.0	100.0
	Total	2839	98.7	100.0	
Missing	0	36	1.3		
Total		2875	100.0		

W31. 您对环保社团或网络环保组织的参与情况是：（限选一项）

		频次	百分比（%）	有效百分比（%）	累计百分比（%）
Valid	已经是环保社团的成员	227	7.9	8.0	8.0
	有了解，正考虑加入	977	34.0	34.4	42.4
	有了解，但暂时不加入	742	25.8	26.1	68.5
	不了解，也不关心	370	12.9	13.0	81.5
	说不清	525	18.3	18.5	100.0
	Total	2841	98.8	100.0	
Missing	0	34	1.2		
Total		2875	100.0		

W32. A. 最近一年，您所在社区/单位开展与" 低碳" 有关的活动的情况是：（限选一项）

		频次	百分比（%）	有效百分比（%）	累计百分比（%）
Valid	10 次以上	134	4.7	4.7	4.7
	6—9 次	203	7.1	7.1	11.8
	3—5 次	520	18.1	18.3	30.1
	1—2 次	692	24.1	24.3	54.4
	没有	950	33.0	33.4	87.8
	说不清	348	12.1	12.2	100.0
	Total	2847	99.0	100.0	
Missing	0	28	1.0		
Total		2875	100.0		

B. 对于社区/单位开展的"低碳生活"环保活动，您参加的情况是：（限选一项）

		频次	百分比（%）	有效百分比（%）	累计百分比（%）
Valid	全部参加	213	7.4	7.5	7.5
	大部分参加	684	23.8	24.1	31.7
	小部分参加	924	32.1	32.6	64.3
	从不参加	344	12.0	12.1	76.4
	不了解情况	668	23.2	23.6	100.0
	Total	2833	98.5	100.0	
Missing	0	42	1.5		
Total		2875	100.0		

W33. 对于"先污染、后治理"的经济发展方式，您认为其可行性是：（限选一项）

		频次	百分比（%）	有效百分比（%）	累计百分比（%）
Valid	行得通	212	7.4	7.5	7.5
	行不通	2140	74.4	75.5	82.9
	说不清	484	16.8	17.1	100.0
	Total	2836	98.6	100.0	
Missing	0	39	1.4		
Total		2875	100.0		

W34. 对联合国每年组织的"地球一小时"活动的效果，您的评价是：（限选一项）

		频次	百分比（%）	有效百分比（%）	累计百分比（%）
Valid	非常好	750	26.1	26.4	26.4
	比较好	1276	44.4	44.8	71.2
	不太好	472	16.4	16.6	87.8
	很不好	82	2.9	2.9	90.7
	说不清	266	9.3	9.3	100.0
	Total	2846	99.0	100.0	
Missing	0	29	1.0		
Total		2875	100.0		

W35. 您认为美国外交政策与军事战略对控制世界能源产地的注重程度是：（限选一项）

		频次	百分比（%）	有效百分比（%）	累计百分比（%）
Valid	非常注重	743	25.8	26.1	26.1
	比较注重	1010	35.1	35.5	61.6
	不太注重	506	17.6	17.8	79.4
	很不注重	145	5.0	5.1	84.5
	说不清	441	15.3	15.5	100.0
	Total	2845	99.0	100.0	
Missing	0	30	1.0		
Total		2875	100.0		

W36. A. 在低碳意识方面，西方发达国家和我们相比，您认为：（限选一项）

		频次	百分比（%）	有效百分比（%）	累计百分比（%）
Valid	西方发达国家比我们强	1962	68.2	68.9	68.9
	西方发达国家比我们差	389	13.5	13.7	82.5
	差不多	278	9.7	9.8	92.3
	说不清	220	7.7	7.7	100.0
	Total	2849	99.1	100.0	
Missing	0	26	0.9		
Total		2875	100.0		

B. 在低碳行为方面，西方发达国家和我们相比，您认为：（限选一项）

		频次	百分比（%）	有效百分比（%）	累计百分比（%）
Valid	西方发达国家比我们强	1970	68.5	69.3	69.3
	西方发达国家比我们差	349	12.1	12.3	81.6
	差不多	278	9.7	9.8	91.4
	说不清	245	8.5	8.6	100.0
	Total	2842	98.9	100.0	
Missing	0	33	1.1		
Total		2875	100.0		

W37. 据您了解，当今世界上的第一大碳排放国家是：（限选一项）

		频次	百分比（%）	有效百分比（%）	累计百分比（%）
Valid	美国	922	32.1	33.1	33.1
	日本	194	6.7	7.0	40.0
	俄罗斯	150	5.2	5.4	45.4
	中国	1130	39.3	40.5	86.0
	印度	253	8.8	9.1	95.0
	德国	68	2.4	2.4	97.5
	其他	70	2.4	2.5	100.0
	Total	2787	96.9	100.0	
Missing	0	88	3.1		
Total		2875	100.0		

W38. A. 在低碳产业上，我国与发达国家相比，您认为：（限选一项）

		频次	百分比（%）	有效百分比（%）	累计百分比（%）
Valid	发达国家强一些	1820	63.3	64.2	64.2
	我国强一些	410	14.3	14.5	78.6
	差不多	333	11.6	11.7	90.3
	说不清	274	9.5	9.7	100.0
	Total	2837	98.7	100.0	
Missing	0	38	1.3		
Total		2875	100.0		

B. 在低碳技术上，我国与发达国家相比，您认为：（限选一项）

		频次	百分比（%）	有效百分比（%）	累计百分比（%）
Valid	发达国家先进一些	1896	65.9	67.4	67.4
	我国先进一些	302	10.5	10.7	78.2
	差不多	342	11.9	12.2	90.4
	说不清	271	9.4	9.6	100.0
	Total	2811	97.8	100.0	
Missing	0	64	2.2		
Total		2875	100.0		

W39. 在您看来，西方人的生活方式是否属于低碳生活：（限选一项）

		频次	百分比（%）	有效百分比（%）	累计百分比（%）
Valid	是	887	30.9	31.3	31.3
	否	562	19.5	19.8	51.1
	说不清	1385	48.2	48.9	100.0
	Total	2834	98.6	100.0	
Missing	0	41	1.4		
Total		2875	100.0		

W40. 您是否希望自己能过上西方发达国家那种消费水平的生活：（限选一项）

		频次	百分比（%）	有效百分比（%）	累计百分比（%）
Valid	非常希望	760	26.4	26.8	26.8
	比较希望	1282	44.6	45.2	72.0
	不太希望	429	14.9	15.1	87.1
	很不希望	63	2.2	2.2	89.3
	说不清	304	10.6	10.7	100.0
	Total	2838	98.7	100.0	
Missing	0	37	1.3		
Total		2875	100.0		

W41. A. 在您看来，中国的燃油价格在世界上的水平是：（限选一项）

		频次	百分比（%）	有效百分比（%）	累计百分比（%）
Valid	在世界上处于高端	1466	51.0	51.7	51.7
	在世界上处于低端	422	14.7	14.9	66.6
	世界平均水平	451	15.7	15.9	82.5
	不知道	496	17.3	17.5	100.0
	Total	2835	98.6	100.0	
Missing	0	40	1.4		
Total		2875	100.0		

B. 低碳生活需要提高燃油价格或征收燃油税，您的态度是：（限选一项）

		频次	百分比（%）	有效百分比（%）	累计百分比（%）
Valid	非常赞同	364	12.7	12.9	12.9
	比较赞同	808	28.1	28.5	41.4
	不太赞同	981	34.1	34.7	76.1
	很不赞同	391	13.6	13.8	89.9
	说不清	287	10.0	10.1	100.0
	Total	2831	98.5	100.0	
Missing	0	44	1.5		
Total		2875	100.0		

W42. A. 您对太阳能、风能等可再生能源替代化石能源前景的判断是：（限选一项）

		频次	百分比（%）	有效百分比（%）	累计百分比（%）
Valid	很乐观	787	27.4	27.7	27.7
	比较乐观	1409	49.0	49.5	77.2
	不太乐观	396	13.8	13.9	91.1
	很不乐观	70	2.4	2.5	93.6
	说不清	182	6.3	6.4	100.0
	Total	2844	98.9	100.0	
Missing	0	31	1.1		
Total		2875	100.0		

B. 您对核能替代化石能源前景的判断是：（限选一项）

		频次	百分比（%）	有效百分比（%）	累计百分比（%）
Valid	很乐观	461	16.0	16.3	16.3
	比较乐观	1180	41.0	41.7	57.9
	不太乐观	737	25.6	26.0	83.9
	很不乐观	99	3.4	3.5	87.4
	说不清	356	12.4	12.6	100.0
	Total	2833	98.5	100.0	
Missing	0	42	1.5		
Total		2875	100.0		

W43. 对于与环境有关现象的描述，与您的情形相符的程度是：（每行限选一项）A. 一想到政府没采取有力措施治理污染，我就感到不满

		频次	百分比（%）	有效百分比（%）	累计百分比（%）
Valid	完全符合	1234	42.9	44.0	44.0
	比较符合	1144	39.8	40.8	84.9
	不大符合	286	9.9	10.2	95.1
	很不符合	64	2.2	2.3	97.4
	说不清	74	2.6	2.6	100.0
	Total	2802	97.5	100.0	
Missing	0	73	2.5		
Total		2875	100.0		

B. 一想到环境污染对动植物带来伤害，我就感到心痛

		频次	百分比（%）	有效百分比（%）	累计百分比（%）
Valid	完全符合	1285	44.7	45.8	45.8
	比较符合	1236	43.0	44.1	89.9
	不大符合	220	7.7	7.8	97.8
	很不符合	22	0.8	0.8	98.5
	说不清	41	1.4	1.5	100.0
	Total	2804	97.5	100.0	
Missing	0	71	2.5		
Total		2875	100.0		

C. 当很多企业因违规操作而污染环境时，我就感到气愤

		频次	百分比（%）	有效百分比（%）	累计百分比（%）
Valid	完全符合	1568	54.5	56.1	56.1
	比较符合	977	34.0	35.0	91.1
	不大符合	187	6.5	6.7	97.7
	很不符合	25	0.9	0.9	98.6
	说不清	38	1.3	1.4	100.0
	Total	2795	97.2	100.0	
Missing	0	80	2.8		
Total		2875	100.0		

D. 当看到一些人奢侈浪费时，我会生气

		频次	百分比（%）	有效百分比（%）	累计百分比（%）
Valid	完全符合	1081	37.6	38.7	38.7
	比较符合	1183	41.1	42.4	81.1
	不大符合	365	12.7	13.1	94.2
	很不符合	80	2.8	2.9	97.0
	说不清	83	2.9	3.0	100.0
	Total	2792	97.1	100.0	
Missing	0	83	2.9		
Total		2875	100.0		

E. 当看到有人过低碳生活，我就感到高兴

		频次	百分比（%）	有效百分比（%）	累计百分比（%）
Valid	完全符合	1154	40.1	41.4	41.4
	比较符合	1142	39.7	40.9	82.3
	不大符合	319	11.1	11.4	93.7
	很不符合	49	1.7	1.8	95.5
	说不清	126	4.4	4.5	100.0
	Total	2790	97.0	100.0	
Missing	0	85	3.0		
Total		2875	100.0		

F. 政府在低碳方面的政策越来越完善，我感到满意

		频次	百分比（%）	有效百分比（%）	累计百分比（%）
Valid	完全符合	1157	40.2	41.4	41.4
	比较符合	1126	39.2	40.3	81.8
	不大符合	315	11.0	11.3	93.1
	很不符合	104	3.6	3.7	96.8
	说不清	90	3.1	3.2	100.0
	Total	2792	97.1	100.0	
Missing	0	83	2.9		
Total		2875	100.0		

G. 我称赞和尊敬生产低碳产品和推行低碳消费的企业

		频次	百分比（%）	有效百分比（%）	累计百分比（%）
Valid	完全符合	1388	48.3	49.6	49.6
	比较符合	1094	38.1	39.1	88.7
	不大符合	197	6.9	7.0	95.7
	很不符合	33	1.1	1.2	96.9
	说不清	87	3.0	3.1	100.0
	Total	2799	97.4	100.0	
Missing	0	76	2.6		
Total		2875	100.0		

W44. A. 政府通过提高电费水费等经济措施来推进低碳生活，您认为效果是：（限选一项）

		频次	百分比（%）	有效百分比（%）	累计百分比（%）
Valid	很好	252	8.8	9.0	9.0
	比较好	823	28.6	29.5	38.5
	比较差	963	33.5	34.5	73.1
	很差	506	17.6	18.1	91.2
	说不清	245	8.5	8.8	100.0
	Total	2789	97.0	100.0	
Missing	0	86	3.0		
Total		2875	100.0		

B. 政府实行的节能补贴措施来推进低碳生活，您认为其效果是：（限选一项）

		频次	百分比（%）	有效百分比（%）	累计百分比（%）
Valid	很好	574	20.0	20.7	20.7
	比较好	1476	51.3	53.2	73.9
	比较差	393	13.7	14.2	88.1
	很差	122	4.2	4.4	92.5
	说不清	209	7.3	7.5	100.0
	Total	2774	96.5	100.0	
Missing	0	101	3.5		
Total		2875	100.0		

W45. 请您对所在地区各方面状况打分：（1—10 分，1 代表最差，10 代表最好）A. 经济发展

		频次	百分比（%）	有效百分比（%）	累计百分比（%）
Valid	0 分	28	1.0	1.0	1.0
	1 分	200	7.0	7.1	8.1
	2 分	128	4.5	4.6	12.7
	3 分	202	7.0	7.2	19.9
	4 分	129	4.5	4.6	24.5
	5 分	732	25.5	26.1	50.7
	6 分	317	11.0	11.3	62.0
	7 分	284	9.9	10.1	72.1
	8 分	399	13.9	14.2	86.4
	9 分	157	5.5	5.6	92.0
	10 分	225	7.8	8.0	100.0
	Total	2801	97.4	100.0	
Missing	System	74	2.6		
Total		2875	100.0		

B. 市政建设

		频次	百分比（%）	有效百分比（%）	累计百分比（%）
Valid	0 分	36	1.3	1.3	1.3
	1 分	212	7.4	7.6	8.9
	2 分	171	5.9	6.1	15.0
	3 分	240	8.3	8.6	23.5
	4 分	188	6.5	6.7	30.3
	5 分	575	20.0	20.5	50.8
	6 分	388	13.5	13.9	64.7
	7 分	355	12.3	12.7	77.3
	8 分	356	12.4	12.7	90.1
	9 分	131	4.6	4.7	94.7
	10 分	147	5.1	5.3	100.0
	Total	2799	97.4	100.0	
Missing	System	76	2.6		
Total		2875	100.0		

C. 自然环境

		频次	百分比（%）	有效百分比（%）	累计百分比（%）
Valid	0分	42	1.5	1.5	1.5
	1分	241	8.4	8.6	10.1
	2分	164	5.7	5.9	16.0
	3分	251	8.7	9.0	24.9
	4分	193	6.7	6.9	31.8
	5分	498	17.3	17.8	49.6
	6分	362	12.6	12.9	62.6
	7分	332	11.5	11.9	74.4
	8分	362	12.6	12.9	87.4
	9分	162	5.6	5.8	93.1
	10分	192	6.7	6.9	100.0
	Total	2799	97.4	100.0	
Missing	System	76	2.6		
Total		2875	100.0		

D. 人均绿地

		频次	百分比（%）	有效百分比（%）	累计百分比（%）
Valid	0分	38	1.3	1.4	1.4
	1分	254	8.8	9.1	10.4
	2分	219	7.6	7.8	18.3
	3分	282	9.8	10.1	28.4
	4分	254	8.8	9.1	37.4
	5分	553	19.2	19.8	57.2
	6分	314	10.9	11.2	68.4
	7分	297	10.3	10.6	79.0
	8分	317	11.0	11.3	90.4
	9分	107	3.7	3.8	94.2
	10分	162	5.6	5.8	100.0
	Total	2797	97.3	100.0	
Missing	System	78	2.7		
Total		2875	100.0		

E. 城市交通

		频次	百分比（%）	有效百分比（%）	累计百分比（%）
Valid	0分	50	1.7	1.8	1.8
	1分	311	10.8	11.1	12.9
	2分	225	7.8	8.0	20.9
	3分	247	8.6	8.8	29.8
	4分	271	9.4	9.7	39.4
	5分	561	19.5	20.0	59.5
	6分	365	12.7	13.0	72.5
	7分	286	9.9	10.2	82.7
	8分	260	9.0	9.3	92.0
	9分	95	3.3	3.4	95.4
	10分	128	4.5	4.6	100.0
	Total	2799	97.4	100.0	
Missing	System	76	2.6		
Total		2875	100.0		

F. 环境保护

		频次	百分比（%）	有效百分比（%）	累计百分比（%）
Valid	0分	47	1.6	1.7	1.7
	1分	277	9.6	9.9	11.6
	2分	199	6.9	7.1	18.7
	3分	249	8.7	8.9	27.6
	4分	255	8.9	9.1	36.7
	5分	566	19.7	20.2	57.0
	6分	369	12.8	13.2	70.1
	7分	307	10.7	11.0	81.1
	8分	282	9.8	10.1	91.2
	9分	129	4.5	4.6	95.8
	10分	117	4.1	4.2	100.0
	Total	2797	97.3	100.0	
Missing	System	78	2.7		
Total		2875	100.0		

G. 食品安全

		频次	百分比（%）	有效百分比（%）	累计百分比（%）
Valid	0 分	101	3.5	3.6	3.6
	1 分	357	12.4	12.8	16.4
	2 分	224	7.8	8.0	24.4
	3 分	307	10.7	11.0	35.4
	4 分	201	7.0	7.2	42.6
	5 分	638	22.2	22.8	65.4
	6 分	290	10.1	10.4	75.8
	7 分	274	9.5	9.8	85.6
	8 分	231	8.0	8.3	93.8
	9 分	73	2.5	2.6	96.4
	10 分	100	3.5	3.6	100.0
	Total	2796	97.3	100.0	
Missing	System	79	2.7		
Total		2875	100.0		

H. 环保宣传

		频次	百分比（%）	有效百分比（%）	累计百分比（%）
Valid	0 分	56	1.9	2.0	2.0
	1 分	306	10.6	10.9	12.9
	2 分	227	7.9	8.1	21.1
	3 分	270	9.4	9.6	30.7
	4 分	257	8.9	9.2	39.9
	5 分	597	20.8	21.3	61.2
	6 分	331	11.5	11.8	73.1
	7 分	300	10.4	10.7	83.8
	8 分	225	7.8	8.0	91.8
	9 分	94	3.3	3.4	95.2
	10 分	135	4.7	4.8	100.0
	Total	2798	97.3	100.0	
Missing	System	77	2.7		
Total		2875	100.0		

I. 空气质量

		频次	百分比（%）	有效百分比（%）	累计百分比（%）
Valid	0 分	73	2.5	2.6	2.6
	1 分	374	13.0	13.4	16.0
	2 分	203	7.1	7.3	23.3
	3 分	259	9.0	9.3	32.5
	4 分	204	7.1	7.3	39.8
	5 分	449	15.6	16.1	55.9
	6 分	283	9.8	10.1	66.0
	7 分	308	10.7	11.0	77.0
	8 分	326	11.3	11.7	88.7
	9 分	155	5.4	5.5	94.2
	10 分	161	5.6	5.8	100.0
	Total	2795	97.2	100.0	
Missing	System	80	2.8		
Total		2875	100.0		

J. 污染治理

		频次	百分比（%）	有效百分比（%）	累计百分比（%）
Valid	0 分	83	2.9	3.0	3.0
	1 分	350	12.2	12.5	15.5
	2 分	235	8.2	8.4	23.9
	3 分	300	10.4	10.7	34.6
	4 分	260	9.0	9.3	43.9
	5 分	595	20.7	21.3	65.1
	6 分	307	10.7	11.0	76.1
	7 分	279	9.7	10.0	86.1
	8 分	221	7.7	7.9	94.0
	9 分	69	2.4	2.5	96.4
	10 分	100	3.5	3.6	100.0
	Total	2799	97.4	100.0	
Missing	System	76	2.6		
Total		2875	100.0		

K. 环保社会组织

		频次	百分比（%）	有效百分比（%）	累计百分比（%）
Valid	0 分	86	3.0	3.1	3.1
	1 分	409	14.2	14.6	17.7
	2 分	273	9.5	9.8	27.5
	3 分	299	10.4	10.7	38.2
	4 分	254	8.8	9.1	47.3
	5 分	574	20.0	20.6	67.8
	6 分	306	10.6	11.0	78.8
	7 分	247	8.6	8.8	87.6
	8 分	170	5.9	6.1	93.7
	9 分	75	2.6	2.7	96.4
	10 分	100	3.5	3.6	100.0
	Total	2793	97.1	100.0	
Missing	System	82	2.9		
Total		2875	100.0		

L. 社区低碳活动

		频次	百分比（%）	有效百分比（%）	累计百分比（%）
Valid	0 分	128	4.5	4.6	4.6
	1 分	471	16.4	16.9	21.4
	2 分	323	11.2	11.6	33.0
	3 分	305	10.6	10.9	43.9
	4 分	223	7.8	8.0	51.9
	5 分	480	16.7	17.2	69.1
	6 分	277	9.6	9.9	79.0
	7 分	228	7.9	8.2	87.1
	8 分	180	6.3	6.4	93.6
	9 分	87	3.0	3.1	96.7
	10 分	93	3.2	3.3	100.0
	Total	2795	97.2	100.0	
Missing	System	80	2.8		
Total		2875	100.0		

M. 公民环保意识

		频次	百分比（%）	有效百分比（%）	累计百分比（%）
Valid	0 分	66	2.3	2.4	2.4
	1 分	358	12.5	12.9	15.2
	2 分	271	9.4	9.7	25.0
	3 分	322	11.2	11.6	36.5
	4 分	262	9.1	9.4	45.9
	5 分	613	21.3	22.0	68.0
	6 分	311	10.8	11.2	79.1
	7 分	215	7.5	7.7	86.9
	8 分	189	6.6	6.8	93.6
	9 分	69	2.4	2.5	96.1
	10 分	108	3.8	3.9	100.0
	Total	2784	96.8	100.0	
Missing	System	91	3.2		
Total		2875	100.0		

N. 公民环保行为

		频次	百分比（%）	有效百分比（%）	累计百分比（%）
Valid	0 分	63	2.2	2.3	2.3
	1 分	382	13.3	13.7	15.9
	2 分	297	10.3	10.6	26.6
	3 分	300	10.4	10.7	37.3
	4 分	277	9.6	9.9	47.2
	5 分	585	20.3	21.0	68.2
	6 分	313	10.9	11.2	79.4
	7 分	218	7.6	7.8	87.2
	8 分	176	6.1	6.3	93.5
	9 分	85	3.0	3.0	96.6
	10 分	96	3.3	3.4	100.0
	Total	2792	97.1	100.0	
Missing	System	83	2.9		
Total		2875	100.0		

O. 环保志愿服务

		频次	百分比（%）	有效百分比（%）	累计百分比（%）
Valid	0分	112	3.9	4.0	4.0
	1分	433	15.1	15.5	19.5
	2分	291	10.1	10.4	29.9
	3分	256	8.9	9.2	39.1
	4分	211	7.3	7.6	46.7
	5分	517	18.0	18.5	65.2
	6分	282	9.8	10.1	75.3
	7分	251	8.7	9.0	84.3
	8分	221	7.7	7.9	92.2
	9分	90	3.1	3.2	95.4
	10分	128	4.5	4.6	100.0
	Total	2792	97.1	100.0	
Missing	System	83	2.9		
Total		2875	100.0		

W46. A. 您认为当前关于低碳经济和低碳生活的整体宣传效果是：（限选一项）

		频次	百分比（%）	有效百分比（%）	累计百分比（%）
Valid	很好	184	6.4	6.5	6.5
	比较好	1075	37.4	38.0	44.6
	比较差	1190	41.4	42.1	86.7
	很差	196	6.8	6.9	93.6
	说不清	181	6.3	6.4	100.0
	Total	2826	98.3	100.0	
Missing	0	49	1.7		
Total		2875	100.0		

B. 您对当前国家低碳产业政策的满意程度是：（限选一项）

		频次	百分比（%）	有效百分比（%）	累计百分比（%）
Valid	非常满意	155	5.4	5.5	5.5
	比较满意	1097	38.2	38.9	44.4
	不太满意	1112	38.7	39.4	83.8
	很不满意	153	5.3	5.4	89.3
	说不清	303	10.5	10.7	100.0
	Total	2820	98.1	100.0	

		频次	百分比（%）	有效百分比（%）	累计百分比（%）
Missing	0	55	1.9		
Total		2875	100.0		

W47. 您认为我国在"十二五"末实现单位国内生产总值能耗下降 16%的前景：（限选一项）

		频次	百分比（%）	有效百分比（%）	累计百分比（%）
Valid	非常乐观	209	7.3	7.5	7.5
	比较乐观	1290	44.9	46.4	53.9
	比较悲观	722	25.1	26.0	79.9
	非常悲观	133	4.6	4.8	84.7
	说不清	426	14.8	15.3	100.0
	Total	2780	96.7	100.0	
Missing	0	95	3.3		
Total		2875	100.0		

W48. 对于公民个人在低碳生活中效果的描述，您的看法是：（每行限选一项）A. 个人的低碳行为对环境的好转没有作用

		频次	百分比（%）	有效百分比（%）	累计百分比（%）
Valid	非常同意	448	15.6	16.0	16.0
	比较同意	419	14.6	15.0	30.9
	不大同意	1040	36.2	37.1	68.1
	很不同意	847	29.5	30.2	98.3
	说不清	48	1.7	1.7	100.0
	Total	2802	97.5	100.0	
Missing	0	73	2.5		
Total		2875	100.0		

B. 个人行为的好坏，对整体环境和自然资源不会有影响

		频次	百分比（%）	有效百分比（%）	累计百分比（%）
Valid	非常同意	329	11.4	11.7	11.7
	比较同意	441	15.3	15.7	27.5
	不大同意	992	34.5	35.4	62.8
	很不同意	1005	35.0	35.8	98.7
	说不清	37	1.3	1.3	100.0
	Total	2804	97.5	100.0	
Missing	0	71	2.5		
Total		2875	100.0		

C. 即使每个人都能过低碳生活，合起来的效果也不明显

		频次	百分比（%）	有效百分比（%）	累计百分比（%）
Valid	非常同意	305	10.6	11.0	11.0
	比较同意	458	15.9	16.4	27.4
	不大同意	983	34.2	35.3	62.7
	很不同意	988	34.4	35.5	98.2
	说不清	51	1.8	1.8	100.0
	Total	2785	96.9	100.0	
Missing	0	90	3.1		
Total		2875	100.0		

D. 只有党和政府带头实行低碳，公众才会自觉地低碳

		频次	百分比（%）	有效百分比（%）	累计百分比（%）
Valid	非常同意	858	29.8	30.8	30.8
	比较同意	1135	39.5	40.8	71.6
	不大同意	538	18.7	19.3	90.9
	很不同意	191	6.6	6.9	97.7
	说不清	63	2.2	2.3	100.0
	Total	2785	96.9	100.0	
Missing	0	90	3.1		
Total		2875	100.0		

E. 我的低碳生活已经对亲戚朋友产生了积极影响

		频次	百分比（%）	有效百分比（%）	累计百分比（%）
Valid	非常同意	497	17.3	17.8	17.8
	比较同意	1121	39.0	40.2	58.1
	不大同意	699	24.3	25.1	83.2
	很不同意	185	6.4	6.6	89.8
	说不清	284	9.9	10.2	100.0
	Total	2786	96.9	100.0	
Missing	0	89	3.1		
Total		2875	100.0		

F. 普通民众拥有改变未来的力量

		频次	百分比（%）	有效百分比（%）	累计百分比（%）
Valid	非常同意	1051	36.6	37.7	37.7
	比较同意	1161	40.4	41.6	79.3
	不大同意	335	11.7	12.0	91.3
	很不同意	120	4.2	4.3	95.6
	说不清	124	4.3	4.4	100.0
	Total	2791	97.1	100.0	
Missing	0	84	2.9		
Total		2875	100.0		

W50. A. 您认为下列人员中低碳意识最强的是：（限选一项）

		频次	百分比（%）	有效百分比（%）	累计百分比（%）
Valid	少年儿童	447	15.5	16.2	16.2
	青年人	1380	48.0	49.9	66.0
	中年人	308	10.7	11.1	77.2
	老年人	476	16.6	17.2	94.4
	说不清	156	5.4	5.6	100.0
	Total	2767	96.2	100.0	
Missing	0	108	3.8		
Total		2875	100.0		

B. 您认为在推进低碳生活方式中负有最大责任的人员是：（限选一项）

		频次	百分比（%）	有效百分比（%）	累计百分比（%）
Valid	少年儿童	159	5.5	5.7	5.7
	青年人	1867	64.9	67.4	73.1
	中年人	547	19.0	19.7	92.9
	老年人	68	2.4	2.5	95.3
	说不清	130	4.5	4.7	100.0
	Total	2771	96.4	100.0	
Missing	0	104	3.6		
Total		2875	100.0		

W53. 总体来说，您在低碳生活方面的实际情况是：（限选一项）

		频次	百分比（%）	有效百分比（%）	累计百分比（%）
Valid	了解低碳生活，但自己实施起来有难度	1073	37.3	40.0	40.0
	想低碳生活，但不知道从哪里开始	896	31.2	33.4	73.4
	可以尝试了解低碳，但不一定参与其中	279	9.7	10.4	83.8
	若亲友开始低碳生活，自己就会尝试	119	4.1	4.4	88.3
	现在已经是低碳生活	279	9.7	10.4	98.7
	不愿意主动参与低碳生活	35	1.2	1.3	100.0
	Total	2681	93.3	100.0	
Missing	0	194	6.7		
Total		2875	100.0		

W55. 请您为自身的低碳打分：（0—10分，0代表根本不了解，10分代表非常了解）A. 低碳意识

		频次	百分比（%）	有效百分比（%）	累计百分比（%）
Valid	0分	92	3.2	3.3	3.3
	1分	49	1.7	1.7	5.0
	2分	72	2.5	2.6	7.6
	3分	147	5.1	5.2	12.8
	4分	119	4.1	4.2	17.0
	5分	698	24.3	24.7	41.7
	6分	304	10.6	10.8	52.5
	7分	312	10.9	11.1	63.6
	8分	555	19.3	19.7	83.2
	9分	177	6.2	6.3	89.5
	10分	296	10.3	10.5	100.0
	Total	2821	98.1	100.0	
Missing	System	54	1.9		
Total		2875	100.0		

B. 低碳知识

		频次	百分比（%）	有效百分比（%）	累计百分比（%）
Valid	0 分	115	4.0	4.1	4.1
	1 分	65	2.3	2.3	6.4
	2 分	163	5.7	5.8	12.2
	3 分	207	7.2	7.3	19.5
	4 分	198	6.9	7.0	26.6
	5 分	742	25.8	26.3	52.9
	6 分	388	13.5	13.8	66.7
	7 分	327	11.4	11.6	78.3
	8 分	349	12.1	12.4	90.7
	9 分	106	3.7	3.8	94.4
	10 分	157	5.5	5.6	100.0
	Total	2817	98.0	100.0	
Missing	System	58	2.0		
Total		2875	100.0		

C. 低碳行为

		频次	百分比（%）	有效百分比（%）	累计百分比（%）
Valid	0 分	91	3.2	3.2	3.2
	1 分	57	2.0	2.0	5.3
	2 分	133	4.6	4.7	10.0
	3 分	173	6.0	6.1	16.1
	4 分	174	6.1	6.2	22.3
	5 分	737	25.6	26.2	48.5
	6 分	393	13.7	14.0	62.5
	7 分	354	12.3	12.6	75.0
	8 分	395	13.7	14.0	89.1
	9 分	118	4.1	4.2	93.3
	10 分	190	6.6	6.7	100.0
	Total	2815	97.9	100.0	
Missing	System	60	2.1		
Total		2875	100.0		

D. 低碳消费

		频次	百分比（%）	有效百分比（%）	累计百分比（%）
Valid	0 分	139	4.8	4.9	4.9
	1 分	71	2.5	2.5	7.5
	2 分	157	5.5	5.6	13.0
	3 分	186	6.5	6.6	19.7
	4 分	187	6.5	6.6	26.3
	5 分	710	24.7	25.2	51.5
	6 分	351	12.2	12.5	64.0
	7 分	317	11.0	11.3	75.3
	8 分	395	13.7	14.0	89.3
	9 分	125	4.3	4.4	93.8
	10 分	175	6.1	6.2	100.0
	Total	2813	97.8	100.0	
Missing	System	62	2.2		
Total		2875	100.0		

W56. 您所在地关于低碳意识和低碳生活的相关活动和设施建设的现状是：（每行限选一项）A. 学校设置低碳意识和低碳生活课程

		频次	百分比（%）	有效百分比（%）	累计百分比（%）
Valid	很多	453	15.8	16.2	16.2
	较多	514	17.9	18.4	34.6
	较少	939	32.7	33.6	68.2
	很少	664	23.1	23.7	91.9
	说不清	226	7.9	8.1	100.0
	Total	2796	97.3	100.0	
Missing	0	79	2.7		
Total		2875	100.0		

B. 学校对低碳行为习惯的培养

		频次	百分比（%）	有效百分比（%）	累计百分比（%）
Valid	很多	353	12.3	12.6	12.6
	较多	712	24.8	25.5	38.1
	较少	958	33.3	34.3	72.4
	很少	563	19.6	20.1	92.5
	说不清	209	7.3	7.5	100.0

		频次	百分比（%）	有效百分比（%）	累计百分比（%）
	Total	2795	97.2	100.0	
Missing	0	80	2.8		
Total		2875	100.0		

C. 公共场所有低碳生活和低碳行为的提示标志

		频次	百分比（%）	有效百分比（%）	累计百分比（%）
Valid	很多	357	12.4	12.8	12.8
	较多	611	21.3	21.9	34.7
	较少	1066	37.1	38.2	72.9
	很少	674	23.4	24.1	97.0
	说不清	84	2.9	3.0	100.0
	Total	2792	97.1	100.0	
Missing	0	83	2.9		
Total		2875	100.0		

D. 各级领导在低碳方面的率先垂范和行动

		频次	百分比（%）	有效百分比（%）	累计百分比（%）
Valid	很多	351	12.2	12.6	12.6
	较多	578	20.1	20.7	33.3
	较少	903	31.4	32.4	65.7
	很少	801	27.9	28.7	94.4
	说不清	155	5.4	5.6	100.0
	Total	2788	97.0	100.0	
Missing	0	87	3.0		
Total		2875	100.0		

E. 政府制定的低碳政策和奖惩措施

		频次	百分比（%）	有效百分比（%）	累计百分比（%）
Valid	很多	343	11.9	12.3	12.3
	较多	476	16.6	17.0	29.3
	较少	986	34.3	35.3	64.6
	很少	780	27.1	27.9	92.5
	说不清	210	7.3	7.5	100.0
	Total	2795	97.2	100.0	
Missing	0	80	2.8		
Total		2875	100.0		

F. 维护环境和推行低碳的社团组织或志愿者队伍

		频次	百分比（%）	有效百分比（%）	累计百分比（%）
Valid	很多	413	14.4	14.8	14.8
	较多	599	20.8	21.4	36.2
	较少	959	33.4	34.3	70.5
	很少	634	22.1	22.7	93.1
	说不清	192	6.7	6.9	100.0
	Total	2797	97.3	100.0	
Missing	0	78	2.7		
Total		2875	100.0		

W59. 您认为在中小学教育中开设环保课程的必要性是：（限选一项）

		频次	百分比（%）	有效百分比（%）	累计百分比（%）
Valid	非常必要	1514	52.7	54.6	54.6
	比较必要	997	34.7	36.0	90.6
	不太必要	172	6.0	6.2	96.8
	很不必要	34	1.2	1.2	98.0
	说不清	55	1.9	2.0	100.0
	Total	2772	96.4	100.0	
Missing	0	103	3.6		
Total		2875	100.0		

W62. A. 您对10年后，青年基本养成低碳生活方式的前景的判断是：（限选一项）

		频次	百分比（%）	有效百分比（%）	累计百分比（%）
Valid	非常乐观	388	13.5	13.7	13.7
	比较乐观	1545	53.7	54.5	68.2
	不太乐观	729	25.4	25.7	93.9
	很不乐观	90	3.1	3.2	97.0
	说不清	84	2.9	3.0	100.0
	Total	2836	98.6	100.0	
Missing	0	39	1.4		
Total		2875	100.0		

B. 您对 10 年后，社会公众基本养成低碳生活方式的前景的判断是：（限选一项）

		频次	百分比（%）	有效百分比（%）	累计百分比（%）
Valid	非常乐观	371	12.9	13.1	13.1
	比较乐观	1484	51.6	52.3	65.3
	不太乐观	777	27.0	27.4	92.7
	很不乐观	108	3.8	3.8	96.5
	说不清	100	3.5	3.5	100.0
	Total	2840	98.8	100.0	
Missing	0	35	1.2		
Total		2875	100.0		

W02B

	频次	应答百分比（%）	个案百分比（%）
佛教	286	57.3	60.2
道教	46	9.2	9.7
基督教（新教）	60	12.0	12.6
天主教	13	2.6	2.7
伊斯兰教	18	3.6	3.8
其他	76	15.2	16.0
Total	499	100.0	105.1

a　Dichotomy group tabulated at value 1.

W05

	频次	应答百分比（%）	个案百分比（%）
低能耗	1951	25.4	72.9
低投入	548	7.1	20.5
低排放	1771	23.1	66.2
低效率	74	1.0	2.8
低产出	128	1.7	4.8
低污染	1919	25.0	71.7
绿色经济	1277	16.6	47.7
其他	12	0.2	0.4
Total	7680	100.0	287.1

a　Group

W06. 青年对典型低碳知识的认知情况

	频次	应答百分比（%）	个案百分比（%）
我国能源消费仍处于"高碳"状态	1956	23.9	69.5
近年一些极寒天气证明全球变暖的观点是错误的	339	4.1	12.1
温室气体会使地球表面变暖	1758	21.5	62.5
哥本哈根气候变化峰会是在中国召开的	248	3.0	8.8
发展低碳经济来限制排放温室气体	1180	14.4	41.9
低碳经济就是高投入经济	282	3.4	10.0
解决环境污染是低碳的最低要求	1424	17.4	50.6
低碳产品和绿色产品并不是一回事	1005	12.3	35.7
	8192	100.0	291.2

a Dichotomy group tabulated at value 1.

W07.

	频次	应答百分比（%）	个案百分比（%）
电视/广播	2237	31.3	81.7
互联网	2256	31.5	82.4
报纸杂志	1461	20.4	53.4
户外广告	264	3.7	9.6
家人/朋友	295	4.1	10.8
单位/社区的活动	354	4.9	12.9
此次调查	258	3.6	9.4
其他	27	0.4	1.0
Total	7152	100.0	261.3

a Group

W08

	频次	应答百分比（%）	个案百分比（%）
全球气候变暖	1130	15.2	41.9
我国人均资源占有量低	940	12.6	34.9
我国碳排量过高	1215	16.3	45.1
我国资源利用率低	942	12.6	35.0
环境污染日益严重	1988	26.7	73.8
发达国家都在搞低碳经济	194	2.6	7.2
我国现有经济发展模式缺乏可持续性	1012	13.6	37.6
其他	26	0.3	1.0

Total	7447	100.0	276.4

a　Group

W24. 青年拥有或使用的交通工具的统计情况

	频次	应答百分比（%）	个案百分比（%）
自行车	1543	42.2	57.5
电动车	762	20.8	28.4
摩托车	341	9.3	12.7
汽车（排量≤1.0L）	172	4.7	6.4
汽车（1.0L<排量≤1.6L）	404	11.1	15.1
汽车（1.6L<排量≤2.5L）	340	9.3	12.7
汽车（2.5L<排量≤4.0L）	43	1.2	1.6
汽车（排量>4.0L）	51	1.4	1.9
Total	3656	100.0	136.3

a　Dichotomy group tabulated at value 1.

W26

	频次	应答百分比（%）	个案百分比（%）
私家车	601	14.7	21.3
公共交通（公交、地铁）	1564	38.2	55.4
自行车（电动自行车）	708	17.3	25.1
步行	703	17.2	24.9
出租车	221	5.4	7.8
班车	175	4.3	6.2
专车	39	1.0	1.4
拼车	60	1.5	2.1
其他	28	0.7	1.0
Total	4099	100.0	145.1

W49. 青年对低碳生活带来好处的评价

	频次	应答百分比（%）	个案百分比（%）
提高生活质量	1632	22.3	58.6
节约开销	1110	15.1	39.9
便捷	392	5.3	14.1
环保节能	1904	26.0	68.4
时尚	93	1.3	3.3

有益健康	1895	25.9	68.0
不太清楚	184	2.5	6.6
没任何好处	87	1.2	3.1
其他	33	0.5	1.2
Total	7330	100.0	263.2

W51

	频次	应答百分比（%）	个案百分比（%）
经济利益	549	7.4	19.6
社会责任	2029	27.5	72.4
生态文明价值观	1805	24.5	64.4
追求时髦	147	2.0	5.2
随大流	178	2.4	6.3
对于地球未来的责任	1374	18.6	49.0
对下一代人的责任	1203	16.3	42.9
说不清	95	1.3	3.4
Total	7380	100.0	263.2

a Group

W52

	频次	应答百分比（%）	个案百分比（%）
会降低生活质量	871	11.6	31.1
花费更多金钱	1156	15.3	41.2
嫌麻烦	1752	23.3	62.5
离现实生活比较远	616	8.2	22.0
个人低碳对环境的作用不大	698	9.3	24.9
需要改变原来的生活习惯	1227	16.3	43.8
对其不了解	750	10.0	26.8
被他人嘲讽讥笑	415	5.5	14.8
其他	46	0.6	1.6
Total	7531	100.0	268.7

a Group

W54

	频次	应答百分比（%）	个案百分比（%）
个人生活比较浪费	727	9.2	26.0

个人消费观念虚荣	845	10.6	30.2
城市化建设贪大求全	897	11.3	32.1
缺乏对低碳生活的引导	1084	13.7	38.7
企业生产和销售不低碳	769	9.7	27.5
政府主导作用缺失	938	11.8	33.5
发达国家利用碳排放来限制我国发展	228	2.9	8.1
公众对低碳生活的认同度不高	772	9.7	27.6
生活习惯难以改变	600	7.6	21.4
低碳仅依靠个人力量难以办到	502	6.3	17.9
相关政策不完善	558	7.0	19.9
其他	17	0.2	0.6
Total	7937	100.0	283.7

a Group

W57

	频次	应答百分比（%）	个案百分比（%）
政府	2060	25.9	73.4
新闻媒体	1446	18.2	51.5
环保工作者	665	8.4	23.7
研发低碳技术的科技人员	312	3.9	11.1
企业	894	11.3	31.8
普通公民	1049	13.2	37.4
自己	461	5.8	16.4
市场机制	300	3.8	10.7
社会组织	483	6.1	17.2
社区	221	2.8	7.9
其他	50	0.6	1.8
Total	7941	100.0	282.8

a Group

W58. 青年对有效实现低碳减排的途径的选择

	频次	应答百分比（%）	个案百分比（%）
控制人口增长	1096	14.4	38.8
降低消费水平	1133	14.8	40.1
科技进步	1765	23.1	62.5
瘟疫	135	1.8	4.8

改变生活方式	1751	22.9	62.0
战争	202	2.6	7.2
转变生产方式	1449	19.0	51.3
说不清	101	1.3	3.6
Total	7632	100.0	270.3

W60. 青年认为政府当前最应着手做的事情的比例分布

	频次	应答百分比（%）	个案百分比（%）
完善政策法规	1294	16.1	46.3
转变生产方式	894	11.1	32.0
党政机关率先示范	858	10.6	30.7
加大对低碳产品的监督力度	609	7.6	21.8
建立健全低碳消费的制度体系	933	11.6	33.4
加大科研力度和研发投入	590	7.3	21.1
营造良好低碳生活社会氛围	780	9.7	27.9
促进节能惠民措施的持续开展并扩大范围	673	8.4	24.1
更广泛地普及低碳知识	575	7.1	20.6
积极推进低碳城市的建设	455	5.6	16.3
形成以低碳为荣的主流价值观	369	4.6	13.2
其他	27	0.3	1.0
Total	8057	100.0	288.6

W61. 青年关于低碳发展机制建设的看法

	频次	应答百分比（%）	个案百分比（%）
低碳产业发展政策导向机制	1224	16.5	43.7
政府、企业和公民之间的低碳经济利益均衡机制	1443	19.4	51.5
低碳产品认证和标志机制	726	9.8	25.9
低碳财政税收激励机制	665	8.9	23.7
低碳产品税收机制	513	6.9	18.3
低碳城市建设机制	678	9.1	24.2
低碳环境和能源技术创新	985	13.3	35.1
低碳环境监测机制	542	7.3	19.3
以上都重要	574	7.7	20.5
以上都不重要	83	1.1	3.0
	7433	100.0	265.1